全国建设行业中等职业教育推荐教材

建 筑 设 备

（建筑经济管理专业）

主编 赵 波
主审 马铁春

U0196058

中国建筑工业出版社

图书在版编目（CIP）数据

建筑设备/赵波主编. —北京：中国建筑工业出版社，
2005（2021.9重印）
全国建设行业中等职业教育推荐教材
（建筑经济管理专业）
ISBN 978-7-112-07604-8

Ⅰ. 建... Ⅱ. 赵... Ⅲ. 房屋建筑设备-专业学
校-教材 Ⅳ.TU8

中国版本图书馆 CIP 数据核字（2005）第 151139 号

本书系统全面的介绍了建筑设备方面的有关知识。包括室内给水、室内排水、室内消防系统、室内给水排水施工图、室内采暖、热水和煤气供应、通风与空调、电气照明、智能建筑简介等内容。

本书适用于各类中等职业学校建筑经济管理专业的教学，也可以作为各类短期培训的教学用书。

* * *

责任编辑：张 晶 刘平平
责任设计：崔兰萍
责任校对：李志瑛 刘梅

全国建设行业中等职业教育推荐教材
建 筑 设 备
（建筑经济管理专业）
主编 赵 波
主审 马铁春

*

中国建筑工业出版社出版、发行（北京西郊百万庄）
各地新华书店、建筑书店经销
霸州市顺浩图文科技发展有限公司制版
北京建筑工业印刷厂印刷

*

开本：787×1092毫米 1/16 印张：8¼ 字数：198千字
2006年1月第一版 2021年9月第十四次印刷
定价：**17.00**元
ISBN 978-7-112-07604-8
(21717)

出 版 说 明

为贯彻落实《国务院关于大力推进职业教育改革与发展的决定》精神，加快实施建设行业技能型紧缺人才培养培训工程，满足全国建设类中等职业学校建筑经济管理专业的教学需要，由建设部中等职业学校建筑与房地产经济管理专业指导委员会组织编写、评审、推荐出版了"中等职业教育建筑经济管理专业"教材一套，即《建筑力学与结构基础》、《预算电算化操作》、《会计电算化操作》、《建筑施工技术》、《建筑企业会计》、《建筑装饰工程预算》、《建筑材料》、《建筑施工项目管理》、《建筑企业财务》、《水电安装工程预算》、《建筑设备》共 11 册。

这套教材的编写采用了国家颁发的现行法规和有关文件，内容符合《中等职业学校建筑经济管理专业教育标准》和《中等职业学校建筑经济管理专业培养方案》的要求，理论联系实际，取材适当，反映了当前建筑经济管理的先进水平。

这套教材本着深化中等职业教育教学改革的要求，注重能力的培养，具有可读性和可操作性等特点。适用于中等职业学校建筑经济管理专业的教学，也能满足自学考试、职业资格培训等各类中等职业教育与培训相应专业的使用要求。

建设部中等职业学校
建筑与房地产经济管理专业指导委员会

前　　言

本书是根据建设部中等职业学校建筑与房地产经济管理专业指导委员会制定的"建筑设备教学大纲"编写而成的。主要内容包括室内外给排水工程、供暖工程、通风与空调工程、建筑电气及智能建筑等方面的内容。

本书在编写过程中，充分考虑到专业性质及目前中等职业学校学生的实际情况，力求内容简明、深入浅出。同时突出现行新规范和新标准以及行业新技术介绍。

本书在编写过程中，得到四川建院马铁春教授、成都市建设学校的游建宁校长、同事以及设计、施工单位同仁的关心、帮助和支持，参考了相关学者编写的书籍和教材，在此一并表示感谢。

由于作者水平有限，书中难免有不足之处，恳请读者批评指正。

目　录

绪论 ……………………………………………………………………………… 1

第一章　室内给水 ………………………………………………………………… 3
　　第一节　室内给水系统的分类和组成 ……………………………………… 3
　　第二节　供水方式与选择 …………………………………………………… 5
　　第三节　室内给水管道的布置 ……………………………………………… 8
　　第四节　给水管材、附件及常用设备 ……………………………………… 9
　　复习思考题 …………………………………………………………………… 15

第二章　室内排水 ………………………………………………………………… 16
　　第一节　室内排水系统的分类和组成 ……………………………………… 16
　　第二节　室内排水管道的布置 ……………………………………………… 18
　　第三节　室内排水管材及附件 ……………………………………………… 23
　　第四节　卫生器具及冲洗设备 ……………………………………………… 26
　　第五节　屋面雨水排水系统 ………………………………………………… 29
　　复习思考题 …………………………………………………………………… 32

第三章　室内消防系统 …………………………………………………………… 33
　　第一节　室内消火栓给水系统 ……………………………………………… 33
　　第二节　自动喷水灭火系统 ………………………………………………… 42

第四章　室内给水排水施工图 …………………………………………………… 48

第五章　室内采暖 ………………………………………………………………… 51
　　第一节　采暖系统的组成与分类 …………………………………………… 51
　　第二节　采暖系统的工作原理及形式 ……………………………………… 52
　　第三节　散热器及采暖系统主要辅助设备 ………………………………… 58
　　第四节　室内采暖施工图 …………………………………………………… 67
　　复习思考题 …………………………………………………………………… 70

第六章　热水和煤气供应 ………………………………………………………… 71
　　第一节　热水供应系统 ……………………………………………………… 71
　　第二节　热水管道的布置和敷设 …………………………………………… 73
　　第三节　燃气供应 …………………………………………………………… 74
　　第四节　室内燃气管道的布置和敷设 ……………………………………… 76
　　复习思考题 …………………………………………………………………… 79

第七章　通风与空调 ……………………………………………………………… 80
　　第一节　通风系统及其分类 ………………………………………………… 80
　　第二节　通风系统的主要构件和设备 ……………………………………… 83
　　第三节　空调系统及其分类 ………………………………………………… 87
　　第四节　通风空调系统的消声和防振 ……………………………………… 90

第五节　通风与空调施工图 ……………………………………………… 93
复习思考题 ……………………………………………………………… 94

第八章　电气照明 ………………………………………………………… 95
第一节　电气照明基本知识 ……………………………………………… 95
第二节　照明电光源与照明器 …………………………………………… 97
第三节　照明配电系统 …………………………………………………… 101
第四节　防雷接地与安全用电 …………………………………………… 102
第五节　建筑电气照明施工图 …………………………………………… 109
复习思考题 ……………………………………………………………… 114

第九章　智能建筑简介 …………………………………………………… 115
第一节　智能建筑的概念 ………………………………………………… 115
第二节　智能建筑的组成和功能 ………………………………………… 116
第三节　智能建筑的优点 ………………………………………………… 118
第四节　我国智能化建筑的发展状况 …………………………………… 119
第五节　智能化建筑发展中面临的一些问题 …………………………… 120

参考文献 ……………………………………………………………………… 124

绪　　论

　　房屋设备，也称为建筑设备，是对为了满足生活和生产的需要而给建筑物的使用者提供卫生和舒适的生活和工作环境的各种设施和设备系统的总称。它包括给水、排水、热水供应、煤气、采暖、通风、空调、供电、照明、消防、电梯、通信、音响、电视、保安等设备系统。这些设备系统设置在建筑物内与建筑、结构及生产工艺设备等相互协调，构成建筑物的整体。

　　房屋设备是建筑不可或缺的重要的组成部分。事实上，随着社会发展和人们生活质量的提高，目前，在整个建筑物的建造过程中，房屋设备的投资比例正在日益增大。

　　在我国，随着市场经济体制的不断完善，建筑业也得以蓬勃发展，房屋设备工程技术水平也在不断提高。同时由于近代科学技术的进步，各学科间的相互渗透和相互影响更为明显，房屋设备工程当然也不例外，也受到许多学科发展的影响而日新月异。例如太阳能利用技术的成就，促进了建筑物采暖、热水供应等新技术的应用；塑料工业的迅速发展，改变了房屋设备管道易腐蚀、难施工的面貌；电子技术和自动控制在房屋设备系统中的多方面使用，收到了更加节约、安全和智能化的效果；建筑施工中的手段现代化、产品工业化，也在迅速改变着建筑安装现场手工操作的方式。

　　当前，我国房屋设备的发展很快，国外先进的房屋设备也在不断的进入国内市场。对于房屋设备的发展趋势，有几个方面值得认真研究和采用：

　　（1）新材料、新品种的快速发展，在房屋设备中引起了许多技术改革，比如被称为"管道的绿色革命"并大大加快了施工进度的采用热熔焊接的PPR管等新型管材的出现；

　　（2）新型设备的不断出现，使房屋设备工程向更加高效和低能耗发展，更符合可持续发展的要求。例如变频变速的水泵新产品，使供水和热水采暖系统运行得到合理的改善；利用虹吸旋涡原理的坐便器，节约了大量冲洗用水；小型家用中央空调的出现，满足了人们在家里也能感受中央空调的需求；在高层建筑中广泛的采用水锤消除器，有效地减少了管道的噪声。这方面总的趋势是，各种设备向着体积小、重量轻、噪声低、能耗少、效率高、整体式发展；

　　（3）新能源的利用，电子技术的应用，智能建筑、绿色建筑的兴起，建筑中水系统的发展，代表着时代的要求和进步，不仅把房屋设备各系统的运行管理推向一个更高的层次，同时也对房屋设备的制造与系统设计提出了更高的要求。例如国外开始采用的被动式太阳能采暖及降温装置，为暖通工程技术提供了新型冷源和热源；使用程序控制装置调节建筑物通风空调系统，使建筑物空气指标随气象参数自动调节，保证了室内卫生舒适条件；利用电子控制设备或敏感器件，可以控制卫生设备冲洗水量和次数，达到节约用水的效果；又如电气照明光源（如氖灯、卤化物灯等）的发展，使得照度、光色及使用寿命不断改善和提高；建筑工业化施工技术的发展，促进了预制设备系统的应用，大大加快了施工速度，取得了良好的经济效益。当前国外较先进的预制设备系统是盒子卫生间和盒子厨房，将浴室、厕所以及厨房等建筑构件及其中的设备和管道在工厂中预制好，再运到建筑现场一次安装完成。

《建筑设备》是中等职业院校建筑经济管理专业的的一门技术基础课程。建筑经济管理要研究建筑生产活动中的经济效果问题，要研究管理问题，要研究生产力的节约，要研究在建筑生产中如何提高经济效益的问题。为此，就必须要研究生产，就要涉及大量的生产技术问题，也就是说离不开对建筑生产技术的研究。学习本课程的目的，在于掌握房屋设备各工程的基本知识，懂得工作范围内房屋设备各工程的基本技术问题，初步具备识读一般建筑给水、排水、供暖、通风和照明工程施工图的能力，为学习后续和相关的专业技术知识和职业技能打下良好的基础。

第一章 室 内 给 水

室内给水的任务，就是经济合理安全有效地将水由室外给水管网输送到装置在建筑物内的各种配水龙头，生产用水设备或消防设备处，满足用户对水质、水量和水压的要求。而室内给水系统是指通过室内管道及辅助设备，按照建筑物和用户的需要，有组织的输送到用水地点的网络。

第一节 室内给水系统的分类和组成

一、室内给水系统的分类

室内给水系统，按供水用途和要求不同一般可分为生活给水系统、生产给水系统和消防给水系统三大类。

（1）生活给水系统 是指居住建筑和公共建筑以及工业企业内部职工的饮用、洗浴、烹调及冲洗等生活上的用水系统。该系统除水量、水压应满足要求外，水质也必须符合国家颁布的生活用水水质标准——《生活饮用水卫生标准》及《生活杂用水水质标准》。

（2）生产给水系统 是专供车间生产用水的系统。如生产蒸汽、设备冷却、食品加工和某些工业原料等。其水质视工业种类和生产工艺而定。为节约水量，在技术经济比较合理时，应设置循环或重复利用给水系统。

（3）消防给水系统 供给建筑物内消防设备用水以扑救建筑物火灾的用水系统。根据《建筑设计防火规范》的规定，对于高层建筑、某些层数较多的民用建筑、公共建筑及容易引起火灾的仓库、生产车间等，必须设置室内消防给水系统。消防给水系统对水质要求不高，但要保证消防水压和水量。

以上三种基本给水系统，在一幢建筑内并不一定需要单独设置三种用途的给水系统，可根据具体情况，按水质、水量、水压及安全方面的需要，结合室外给水的情况，组成不同的共用给水系统。

建筑内的生活给水系统一般应和消防供水系统分设。对于多层或低层建筑物，当室外管网能满足压力、流量要求时，可合成一个系统，但必须做到不污染生活用水。

建筑物内不同使用性质和不同水费单价的用水系统，应在引入管后分成各自独立给水管网，并分表计量。

生产给水系统可按水质、水压要求分别设置多个独立的给水系统。如冷却水系统、重复利用给水系统等。

二、给水系统的组成

室内给水系统一般由引入管、水表节点、室内管道、给水附件、升压与储水设备等部分组成，如图 1-1 所示。

（1）引入管 引入管也称进户管，是室外给水管网和室内给水系统的连接管。其作用

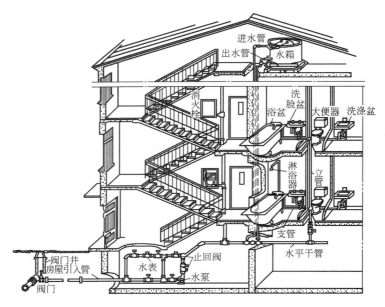

图 1-1 室内给水系统

是将水从室外给水管网引入到建筑物内部给水系统。

（2）水表节点 室内给水系统一般采用水表计量系统的用水量。必须单独计量水量的建筑物，应在给水引入管上装设水表，引入管上的水表及其前后设置的阀门、旁通管、泄水装置等共同构成水表节点（或称水表井）。

（3）室内管道 室内管道包括水平干管、立管、配水支管等。其作用是转输和分配水量。

（4）给水附件 是指各种阀门、配水龙头、过滤器等，便于取用、调节和控制水流以及检修管路。

（5）升压与储水设备 是当室外给水管网水压不足或室内对安全供水和稳定水压有要求时设置的设备，如水泵、水箱、水池以及气压给水设备等。

（6）室内消防设备 当建筑物按《建筑设计防火规范》的要求必须设置室内消防给水时，一般应设室内消火栓给水系统，有特殊要求时，还应设置自动喷水灭火系统。详见第三章。

三、室内给水系统所需水压

室内给水系统的压力，必须保证将需要的水量输送到建筑物内最不利配水点（通常为距引入管起端最高最远点）的配水龙头或用水设备处，并保证有足够的流出压力，在有条件时，还可考虑一定的富裕压力，一般取 15～20kPa。

对于居住建筑的生活给水管网，在未进行精确的计算之前，进行方案设计时，室内给水系统所需水压的最小保证值可按建筑物的层数进行估算，供确定方案参考。自室外地面算起，一般一层建筑物可取为 100kPa；二层建筑物为 120kPa；三层及三层以上的建筑物，每增加一层增加 40kPa，见表 1-1。对于引入管后室内管道较长或层高超过 3.5m 时，上述值应适当增加。

建筑层数（层）	1	2	3	4	5	6	7	8	9	10
最小水压（MPa）	0.1	0.12	0.16	0.20	0.24	0.28	0.32	0.36	0.40	0.44

第二节　供水方式与选择

一、供水方式

建筑给水系统的供水形式，是根据用户对水质、水压和水量的要求，室外管网所能提供的水压情况，卫生器具及消防设备在建筑物内的分布以及用户对供水安全可靠性的要求等因素而决定的。工程中常用的供水形式分为无水箱和有水箱两大类。

1. 无水箱供水方式

（1）外网直接给水方式。

这种给水方式的特点是，室内仅设有给水管道系统，无任何加压设备，与外部给水管网直接相连。利用室外管网水压直接供水。如图 1-2 所示。一般适用单层和多层建筑，高层建筑中下面几层，室外管网的水压在任何时候都能满足用水要求的各用水点。这种系统简单、投资省，可以充分利用室外管网水压，水质较好，节约能源，应优先选用。当室外管网压力过高，某些点压力超过允许值时，应采取减压措施。

（2）水泵升压直接给水方式。

这种方式是用泵直接从外网抽水或通过调节池（或吸水井）抽水升压供水。如图 1-3 所示。适用于一天内室外给水压力大部分时间满足不了室内需要，但流量能满足要求，且建筑内部用水量较大又较均匀的多层或高度不超过 100m 的高层建筑。当不允许水泵直接从室外管网吸水时可设吸水井，当建筑物内不允许停水，且只有一条进水管时，可设调节池。水泵可采用普通泵和变频泵。用水均匀、流量变化不大时可采用普通泵（一般需设几台水泵并联工作）；当用水不均匀，流量变化较大时，应采用变频泵。也可采用泵-气压罐给水方式。

（3）泵-气压罐联合给水方式。

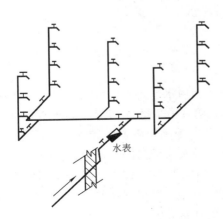

图 1-2　直接给水方式

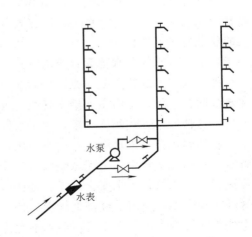

图 1-3　水泵升压直接给水方式

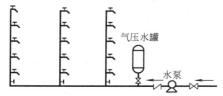

图 1-4 泵-气压罐联合给水方式

在室外管网水压经常不足，而建筑物又不宜设置高位水箱或设水箱确有困难的情况下，可设置气压给水设备（气压罐）。如图 1-4 所示。气压给水装置是利用密闭压力水罐内空气的可压缩性储存、调节和压送水量的给水装置，其作用相当于高位水箱和水塔。水泵从吸水井（或调节池）或室外管网吸、抽水。平时由气压罐维持管网压力并供用水点用水，当压力下降至最小工作压力时，泵启动供水，并向气压罐充水，到最大工作压力时停泵。

这种给水方式的优点是：设备可设在建筑的任何高度上，安装方便，水质不易受到污染，投资省，建设周期短，便于实现自动化等。缺点是给水压力变化较大，管理及运行费用较高，供水安全性也较差。这种方式由于能耗大，耗钢量大，一般不宜用于供水规模大的场所。

2. 有水箱的给水方式

（1）单设水箱的给水方式。

这种给水方式的特点是，室内设有给水管道系统及高位水箱，室内给水系统与室外给水管网直接连接，一般利用夜间在室外给水管网的压力能够满足室内给水管网所需水压时，由室外给水管网直接向室内给水管网供水，同时向水箱充水；在室外给水管网水压不足时，则由水箱向室内给水管网供水。这种系统适用于室外给水管网中的水压只在一天的某些不长时间内不足，但大部分时间仍能满足室内用水要求，或者室内某些设备用水量不大但需要稳定压力的建筑物，如图 1-5 所示。这种给水方式的优点是能储备一定水量，不间断供水。其缺点是增加高位水箱后，增大了建筑物的荷载，同时在室外管网水压较高时，水箱由于储水时间长而水质较差。

采用这种方式要合理确定水箱容积，一般建筑物内水箱容积不大于 20m³，故单设水箱方式仅在日用水量不大的建筑物中采用。

（2）水泵、水箱、水池联合给水方式。

这种给水方式的特点是，系统中设置了贮水池、水箱和水泵联合工作。水由室外给水管网进入贮水池，利用水泵将水提升至水箱，由水箱调节流量。这种给水方式的优点是，由于水泵和水箱联合工作，水泵可直接向水箱充水，减小了水箱的容积；又因水箱具有调节作用，水泵的出水量比较稳定，能在高效率下工作，节省电耗。如在水箱中采用浮球继电器等装置，可实现水泵的启闭自动化。此外，贮水池又可储存一定水量，供水安全可靠。这种给水方式的一次性投资较大，运行费用较高，维护管理比较麻烦，但因其经济上合理，技术上可靠，故在多层民用建筑中应用较广，适用于室外给水管网水压经常不足，而且不允许水泵直接从室外管网吸水，室内用水不均匀和允许设置高位水箱的建筑，如图 1-6 所示。

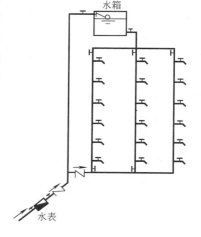

图 1-5 单设水箱的给水方式

当允许水泵直接从室外管网吸水时，可不设断流水池，这种给水方式称为设有水泵、水箱的给水方式。如图1-7所示。

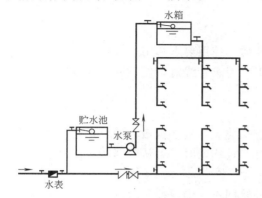

图1-6 水泵、水箱、水池联合给水方式

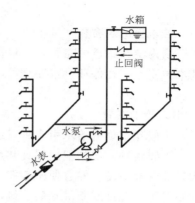

图1-7 水泵、水箱给水方式

3. 分区给水方式

在多层建筑中，当室外给水管网的水压只能供到建筑物的下面几层，而不能供到建筑物的上层时，为了充分有效的利用室外管网的压力，节省动力费用，宜将给水系统分成上下两个供水区。如图1-6所示，由室外管网提供所能达到的下区用水，而室外管网水压达不到的其他几层的供水则由水泵加压后与水箱联合完成（水泵、水箱按上区需要考虑）。为了提高供水的安全可靠性，在静水压力不大的情况下，可将两区中的1～2根立根相连通，在分区处用闸间隔开。必要时可使整个管网全由水箱供水或由室外管网直接向水箱充水。如果建筑内部设有消防给水系统时，消防水泵则要按上下两区的用水考虑。

对于建筑物低层设有洗衣房、浴室、大型餐厅和厨房等用水量大的建筑物尤其适用这种给水方式。

二、室内供水方式的选择

（1）应根据实际情况，在符合有关规定的前提下，力求以最简单的管路，经济、合理、安全地达到和满足用户供水要求。

（2）应尽量利用室外管网的水压直接供水，当水压不能满足要求时则设加压装置。当采用升压供水方案时，应根据经济合理，并结合充分利用室外管网水压的原则，确定升压供水范围。

（3）生活给水系统中，为了满足不损坏给水配件的要求，卫生器具配水点的静压不得大于0.6MPa。如超过该值，宜对给水系统进行竖向分区，各分区最低卫生器具配水点处静压不宜大于0.45MPa（特殊情况下不宜大于0.55MPa），水压大于0.35MPa的入户管（或配水横管），宜设减压或调压设施。一般可按下列要求分区：住宅、旅馆、医院其最低卫生器具的静水压宜为0.3～0.35MPa；办公楼、教学楼、商业楼宜为0.35～0.45MPa。同时各分区最不利配水点的水压应满足用水水压要求。入户管或公共建筑的配水横管的水表前后端水压一般不宜小于0.1MPa。

（4）给水系统中应尽量减少中间储水设施。

第三节 室内给水管道的布置

一、给水管道的布置

建筑物内给水管道的布置，应根据建筑物性质、使用要求和用水设备等因素确定。布置的基本原则是，在保证供水安全可靠的前提下，力求管线短，便于施工和维修，且应尽量美观。

1. 引入管的布置

（1）一般建筑物的给水引入管只设一条，宜从建筑物用水量最大处或不允许间断供水处引入。当建筑物内部的卫生器具和用水设备分布较均匀时，可从建筑物中部引入，这样可使大口径管段最短，并且便于平衡水压。

（2）对于不允许间断供水的建筑，应从室外管网不同侧设两条或两条以上引入管，在室内连成环状或贯通枝状双向供水。若必须同侧引入时，两条引入管的间距不得小于15m，并在两条引入管之间的室外给水管上装阀门。

（3）引入管一般采用直接埋地敷设方式，其埋设深度主要根据室外给水管网的埋深以及当地的气候、水文地质条件和地面荷载而定。在寒冷地区，应埋设在冰冻线以下，也可从采暖地沟中进入室内，但应布置在热水或蒸汽管道的下方。

（4）引入管穿越建筑物基础或承重墙时，应预留孔洞，其孔洞直径一般应大于引入管直径200mm。

（5）引入管穿过地下室或地下构筑物的墙壁时，应采取防水措施。

（6）引入管应设置阀门，同时还应设置泄水装置，以便于管网检修时放空积水。

（7）引入管和其他管道要保持一定距离，与污水排出管的水平净距不得小于1m，与煤气管道引入管的水平净距不得小于1m，与电线管的水平净距应大于0.75m。

2. 室内给水管道的布置

（1）室内给水管网宜采用枝状布置，单向供水。不允许间断供水的建筑物和设备，应在室内连成环状，双向供水。

（2）管道布置应力求长度最短，应靠近用水设备或用水器具较集中处，尽可能不影响建筑的使用和美观，管道宜沿墙、梁、柱作平行或垂直线布置。但不得有碍于生活、工作、生产操作、交通运输和建筑物使用。

（3）给水管道布置应尽可能考虑物业管理（如集中抄表）统一方便的要求。

（4）给水管道不得布置在建筑物内的下列部位和房间：

1）遇水能引起爆炸、燃烧或被损坏的原料产品和设备的上面，以及变、配电房间内。如必须通过生产设备的上面时，给水管应有防护措施。

2）可能被重物压坏或受振动而被损坏的地面下。

3）橱窗和壁橱内及木装修处。如不可避免时，应采取隔离和防护措施。

4）风道、烟道和排水沟内。

5）地下室结构底板和设备基础内。

6）大便槽和小便槽内。给水立管距离小便槽、大便槽端部外壁的距离小于0.5m时，应采取防腐防护措施。

（5）给水管道不宜穿过伸缩缝，必须穿过时，应采取相应的技术措施。

（6）给水横管宜有 0.002～0.005 的坡度坡向泄水装置。

（7）给水管道可与其他管道同沟或共架敷设，但给水管应布置在排水管、冷冻管的上面，热水管和蒸汽管的下面，给水管不得与输送易燃、可燃或有害液体和气体的管道同沟敷设。

（8）给水立管穿过楼层时需加设金属或塑料套管，在土建施工时应预留孔洞，以便套管安装。

3. 管路布置图示

根据给水干管的位置，室内配水管道的布置可分为以下两种形式：

（1）下行上给式。给水平管设在立管下面，自下而上将水送至各立管。给水干管可直接埋地或设在地沟、地下室顶棚下及底层走廊内。外网直接给水方式常采用这种形式。如图 1-2 所示。

（2）上行下给式。给水干管设在立管上面，自上而下向立管供水。给水干管可以设在顶层顶棚下面窗口上面或吊顶内，屋顶上设有高位水箱的给水系统常采用这种形式。图 1-5、图 1-6 属于这种形式。

二、给水管道的敷设

室内给水管道的敷设方法有明敷和暗敷两种。明敷即管道在建筑物内沿墙、梁、柱、地板暴露敷设，暗敷即管道在地下室的顶棚下或吊顶中以及管沟、管井、管槽和管廊中或者墙体钢筋中隐蔽敷设。敷设方式一般应根据建筑物性质、卫生标准要求及管道材质的不同来确定。

三、室内给水管道的安装

室内给水系统无论采用哪一种布置方式和敷设方法，在施工安装时，都应与土建施工密切配合，以加快施工进度，保证施工质量。管道要牢固地固定在墙、柱上或吊挂在楼板下，可采用钩钉、管卡、吊环和托架及混凝土管带等方式。塑料管、复合管的安装参见《给水排水标准图集》（02S405）；铜管与薄壁不锈钢管的安装参见《给水排水标准图集》（02S407）。

室内给水系统安装施工完毕后，应根据现行的《建筑给水排水及采暖工程施工质量验收规范》（GB 50242—2002）进行验收。

第四节　给水管材、附件及常用设备

室内给水系统是由管道和各种管件、附件连接而成的，应该正确合理地选用管材、附件，从而提高工程质量，降低工程造价，延长给水系统的使用寿命，使其更加经济合理、安全可靠。

一、室内给水常用管材

室内给水常用管材目前主要推广和采用各种新型塑料管材。对原来使用较多的钢管、给水铸铁管在此也作一些简单介绍。

1. 钢管——水煤气输送管

钢管按照制造方法可分为无缝钢管和焊接钢管（有缝钢管）；焊接钢管又分为镀锌

钢管（白铁管）和非镀锌钢管（黑铁管）两种。焊接钢管的纵向有一条焊缝，因此不能承受高压，一般适用于公称压力不超过 1.6MPa 的水、煤气、油和蒸汽的压力较低的管道。

钢管的连接方式有螺纹连接、焊接和法兰连接。

（1）螺纹连接　螺纹连接也称丝扣连接，是钢管最常用的一种连接方法。它是利用各种形式带螺纹的管件将管子连接起来的方法。

（2）法兰连接　法兰也称法兰盘。钢管的法兰连接，多采用在钢管上焊接法兰的方法，也可采用丝扣法兰盘。法兰除用于法兰阀门连接外，还用于与法兰配件（如弯头、三通等）和设备的连接。法兰连接具有强度高，严密性好和拆卸方便等优点。

（3）焊接　常用的钢管焊接方法有气焊和电弧焊两种。焊接的优点是强度高、接口严密性强、不需接头零件、安装方便。缺点是不能拆卸。因焊接时镀锌层会遭破坏而脱落，加快管道锈蚀，因此镀锌钢管不得采用焊接。

要注意的是，热镀锌钢管的使用要符合当地有关部门的规定。

2. 铸铁管

用于给水工程的铸铁管称为给水铸铁管。与钢管相比，给水铸铁管具有不易腐蚀、造价低、使用寿命长等优点，多用于管径大于 75mm 的埋地管道。给水铸铁管材质较脆、重量大，不便于运输。给水铸铁管常采用承插连接和法兰连接。承插接口孔隙用石棉水泥、膨胀水泥和铅等材料填充，也可采用橡胶圈等柔性接口。

3. 塑料管

这几年，化学建材的发展方兴未艾，随着社会的进步和人们生活水平的提高以及绿色环保的要求，在国家"以塑代钢"的政策导向下，管材也在不断更新和提高。各种塑料管道层出不穷，在室内给水中已逐渐取代镀锌钢管而成为主要室内给水管材。现在使用的塑料管道大致可以分为以下几种：

（1）硬聚氯乙烯管（PVC-U 管）。

具有化学性能稳定，耐腐蚀，不受酸、碱、盐和油类等介质的侵蚀，管内壁光滑，流动阻力小，重量轻，价廉等优点，但其强度较低，耐温性能差，接头粘合技术要求高，固化时间较长，一般用于冷水管道。管道连接方式：一般小管径承插粘接，大管径橡胶密封圈接口。用在建筑物内应采用公称压力为 1.6MPa 等级的管子。

（2）铝塑复合管（PEX—AI—PEX）。

其结构为三层，内外是塑料，中间夹层为铝合金材料，铝塑复合管的出现在当时被誉为"管道的绿色革命"，其外形美观、清洁无毒、机械强度高、不生锈、不结垢、气密性好，连接方式为卡套式连接，适宜于暗埋在隔墙和楼板中。主要缺点是铜接头价高，局部阻力大，且在接头处处理不当容易漏水。

（3）交联聚乙烯管（PEX）。

由高密度聚乙烯材料制成。具有高低温性能好（适用温度范围可在 $-70\sim+95$℃）；质地较坚硬而有韧性；重量轻；与金属管相比，其隔热保温性能良好；不生锈、不结垢等优点。缺点同铝塑复合管。一般采用卡套式连接，在管道配水点采用耐腐蚀金属材料制作的内螺纹配件。

（4）无规共聚聚丙烯管（PP—R）。

是目前发展最快的管材，采用热熔连接，当与金属管或用水器连接时采用丝扣或法兰连接（需采用专用的过渡管件或过渡接头）。优点是耐温性好，施工方便快速且不易漏水，适合暗埋。缺点是管壁厚，外径较大，在接头处尤其明显，安装时开槽较深。同时热熔需要电力。

其他还有如高密度聚乙烯（HDPE）、钢塑复合管、PB管等新型塑料管材。

二、附件

给水管道的附件可分为配水附件和控制附件两种。

1. 配水附件

配水附件是指装在给水支管末端，供卫生器具或用水点放水用的各式水龙头（或称水嘴），如图1-8。其作用是用来调节和分配水流。常用的水龙头有以下几种：

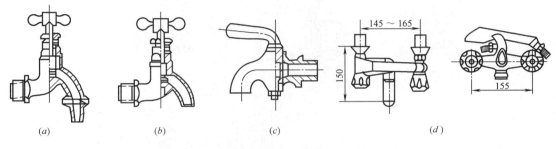

图1-8　配水附件

（a）皮带式水龙头；（b）截止阀式水龙头；（c）旋塞式水龙头；（d）混合水龙头

（1）截止阀式配水龙头：安装在洗涤池、污水盆、盥洗槽上的水龙头均属此类。这种水龙头严密性好，但由于水流经过时要改变流向故压力损失较大。

（2）旋塞式配水龙头：这种龙头旋转90°即完全开启，短时间可迅速获得较大的流量，由于水流呈直线通过，其阻力较小。但由于启闭迅速，容易产生水锤。一般用于压力较小的配水点处，如浴池、洗衣房、开水间等。

（3）混合龙头：通常装设在洗脸盆、浴盆上专供分配调节冷水和热水用。目前这种水龙头的样式和开启方法都很多，可结合实际选用。

除上述配水龙头外，还有许多根据特殊用途制成的水龙头。如用于化验室的鹅颈水龙头，用于医院的肘动水龙头，可连接胶管供水的皮带水龙头以及小便器角型龙头、消防水龙头、电子自控水龙头、红外线感应式水龙头等等。

2. 控制附件

控制附件是指用来控制水量、水压，开启和关闭水流的各种阀门。常用的有闸阀、截止阀、蝶阀、止回阀、安全阀、浮球阀等。如图1-9所示。

（1）闸阀：用来开启和关闭管道的水流，也可以用来调节水流。该阀全开时水流呈直线通过，因而压力损失小。但水中杂质落入闸底后，闸板不易关严。适用于管径大于50mm或双向流动的管段上。

（2）截止阀：是一种可以开启和关闭水流但不能调节流量的阀门。该阀关闭严密，但水流阻力较大，用于管径小于或等于50mm和经常启闭的管段上。安装时应注意方向。不能用在水流需双向流动的管段上。

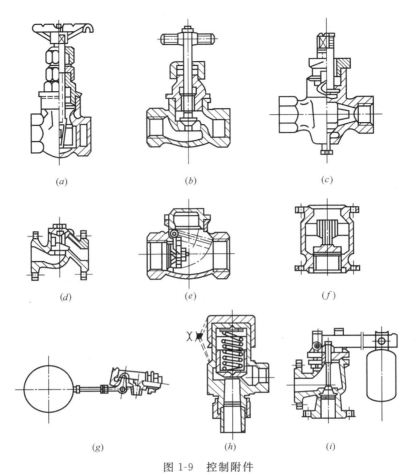

图 1-9 控制附件

(a) 闸阀；(b) 截止阀；(c) 旋塞阀；(d) 升降止回阀；(e) 旋启式止回阀；
(f) 立式升降止回阀；(g) 浮球阀；(h) 弹簧式安全阀；(i) 单杠杆微启式安全阀

（3）蝶阀：兼具闸阀和截止阀的优点，结构尺寸小、重量轻、启闭灵活、关闭严密、阻力小。是目前给水管道作为关断水流、调节水量和水压的主要阀门。

（4）止回阀：又称逆止阀或单向阀。该阀使水流只能沿一个方向流动，反向流动则自动关闭。安装时应使水流方向与阀体上的箭头方向一致。常用的有升降式止回阀和旋启式止回阀，其阻力均较大。升降式止回阀安装在水平管路上，旋启式止回阀可安装在立管和水平管路上。

（5）安全阀：是保证系统和设备安全的阀门，有杠杆式和弹簧式两种。其作用是避免管网和其他用水设备压力超过允许值而受到破坏。

（6）浮球阀：是一种利用液位的变化而自动启闭的阀门。通常安装在水池、水箱的进水管上，用来开启或切断水流。选用时应注意与管道规格一致。

除上述常用阀门外，在给水系统中还有很多各种特殊用途和形式的阀门，如减压阀、球阀、柱塞阀、旋塞阀、排气阀等等。

三、给水系统常用设备

1. 水表

水表是一种计量建筑物或设备用水量的仪表。

在下列管段应装设水表：小区的引入管、居住建筑和公共建筑的引入管、住宅和公寓的进户管、综合建筑的不同功能分区（如商场、餐饮等）或不同用户的进入管、浇洒道路和绿化用水的配水管上、必须计量的用水设备（如锅炉、游泳池等）的进水管或补水管上。

目前我国常采用的水表是流速式水表，是根据流速与流量成比例的原理制作的。流速式水表主要有旋翼式和螺翼式以及复式水表三种。旋翼式水表主要用于小口径，管径大于50mm时应采用螺翼式水表计量。通过水表流量变化幅度很大时应采用复式水表。

水表按安装方式有水平式和立式两种。

随着电子技术和计算机的发展，也为了统一管理、节约用水和彻底解决入户难、收费难、成本高等问题，现在已出现了远传式智能化水表（电脑自动查表系统）、电子取信的IC卡智能水表系统等等新型水表，这些新型水表的出现使住宅安全、明白消费、缴费快捷方便成为可能，也将更有利于节约用水的长期国策。

当无法采用水表但又必须对用水进行计量时，可采用其他流量测量仪表，各种有累计功能的流量计均可替代水表。

2. 水箱

水箱是建筑物内储存用水、调节用水量和稳定水压的设备。通常设在建筑物给水系统的最高处。

水箱有圆形和矩形两种。水箱常用碳素钢板、不锈钢、钢筋混凝土、玻璃钢等材质制成。碳素钢板水箱自重小，容易加工，工程上较多采用，但其内外表面均应防腐，并且水箱内表面涂料不应影响水质。钢筋混凝土水箱经久耐用，维护方便，不存在腐蚀问题，但不很美观，自重较大，如果建筑物结构允许才可考虑采用。现在一般用于地下的室内贮水池。玻璃钢水箱重量轻、强度高、耐腐蚀、造型美观、安装维修方便，而且大容积水箱可现场组装，已逐渐地被普遍采用。水箱的选用与安装详见《给水排水标准图集》（02S101）。

水箱一般设置在顶层房间、闷顶或平屋顶上的水箱间内。水箱间的净高不得小于2.2m，要求采光、通风良好，保证不冻结，如有冻结危险时，要采取保温措施。水箱的承重结构应为非燃烧材料。水箱应加盖，不得污染。

水箱一般应设置进水管、出水管、溢水管、泄水管、透气管、水位信号装置、人孔等，以保证水箱正常工作。如图 1-10 所示。当因容积过大分设两个（或两格）时，应按每个（格）可单独使用来配置上述设施。

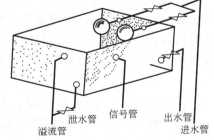

图 1-10　水箱配管示意图

当水箱的进水管与出水管合用一根管道时，出水管口应设止回阀，防止水由水箱底部进入水箱。

水箱容积根据调节水量、消防储水量和生产事故储水量确定，一般为 6～20m³。具体计算此处不再赘述，可参考其他相关资料。

3. 水泵

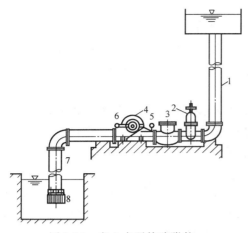

图 1-11　离心水泵管路附件

1—压水管；2—闸阀；3—逆止阀；4—水泵；
5—压力表；6—真空表；7—吸水管；8—底阀

是将能量传递给液体的一种动力机械，是提升和输送水的重要工具。水泵的种类很多，有离心泵、轴流泵、混流泵、活塞泵、真空泵等。在给水工程中最常用的是离心泵。它是靠叶轮的转动获得离心力再把能量传递给水从而达到提升水的目的。其主要构造由叶轮、泵壳、泵轴、轴承和填料函等组成。

为了保证水泵正常工作，还必须装设一些管路附件，如真空表、压力表、阀门等，如图 1-11 所示。

每一台水泵上都有一个表示其工作性能的牌子，称为铭牌。铭牌上的流量、扬程、功率、效率、转速及允许吸上真空高度等均代表了泵的性能，被称为水泵的基本性能参数。

流量和扬程表明了水泵的工作能力，是水泵的主要性能参数，也是选择水泵的主要依据。

在实际工程中，为了增加系统中的流量或提高扬程，有时需将两台或两台以上的水泵联合使用。水泵的联合运行可分为串联和并联两种形式。

4. 气压给水装置

气压给水装置俗称"无塔上水器"，是利用密闭压力罐内的压缩空气，将罐中的水送到管网中的各配水点，其作用与高位水箱或水塔相同，可以调节和贮存水量，保持所需压力。由于供水压力是由罐内的压缩空气提供的，所以罐体的安装高度可不受限制，对于不宜设置水塔和高位水箱的场所（如地震区建筑物、隐蔽的国防工程、建筑艺术要求较高以及消防要求较高的建筑物中）都可以采用。

气压给水装置的优点是：投资少，建设速度快，容易拆迁，灵活性大，便于隐蔽、不妨碍美观；与高位水箱和水塔相比，气压给水装置的水质不易被污染，但调节能力小，经常性费用高，耗用钢材较多，而且有效容积较小，供水压力变化幅度较大，不适于用水量大和要求水压稳定的用水对象，因而使用受到一定的限制。

气压给水装置一般由密闭罐、水泵、空气压缩机、控制设备等部分组成。如图 1-12 所示为一种最简单的气压给水装置。其工作过程是：气压给水罐内空气的起始压力高于室内给水管网所需的设计压力，水在压缩空气的作用下被送至管网。随着罐内水量的减少，水位下降，空气压力相应减小，当水位下降到最低值时，压力也降到规定的下限值，这时，水泵便在压力继电器的作用下自动启动，将水压入罐内，同

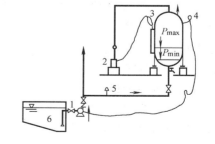

图 1-12　单罐变压式气压给水设备

1—水泵；2—空气压缩机；3—水位继电器；
4—压力继电器；5—安全阀；6—水池

时供入管网。当罐内压力逐渐上升到设计最大工作压力时，压力继电器切断电路，水泵停止工作，如此往复循环。

气压水罐中的水与空气直接接触，因而在经过一段时间后，罐中的压缩空气由于溶解于水并随之流入管网而逐渐减少，使得调节容积逐渐减小，水泵启动渐趋频繁，如不补充空气就会失去升压作用，因此需要定期补气。补气装置最常用的是空气压缩机。对于小型给水系统也可采用水泵压水管中集存空气补气以及水射器补气和定期泄空补气等方式。随着气压给水装置定型产品不断改进，补气方式也在不断创新，这里不再一一介绍。

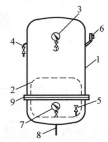

图 1-13　隔膜式气压给水设备
1—罐体；2—橡胶隔膜；3—电接点压力表；
4—充气管；5—放气管；6—安全阀；
7—压力表；8—进出水管；9—法兰

为了防止压缩空气在罐内与水直接接触，甚至将润滑油带入水中而影响生活用水水质，目前常用隔膜式气压给水装置，即在罐内设置橡胶隔膜，将水、气隔开，由于水、气不接触，空气不受损失，水质不受污染，因此，不需补气设备。此种装置较一般气压给水罐气压给水装置既节省动力，又不污染水质，保证卫生条件，是一种较好的气压给水装置，如图 1-13 所示。

复 习 思 考 题

1. 室内给水系统的任务是什么？
2. 室内给水系统是怎样分类的？可分为哪几类？
3. 室内给水系统由哪几部分组成？
4. 室内给水系统的给水方式有哪几种？各适用于什么情况？
5. 室内给水管道的布置要求有哪些？
6. 室内给水管道的敷设方法有哪几种？
7. 室内给水系统常用的管材有哪些？各有什么特点？
8. 常用的控制附件和配水附件有哪些？
9. 常用的水表有哪些类型？
10. 水箱的作用是什么？常用的水箱材料有哪几种？
11. 水箱上有哪些配管？各有何作用？
12. 气压给水装置由哪些设备组成？适用于什么情况？

第二章　室　内　排　水

第一节　室内排水系统的分类和组成

室内排水系统的任务就是将建筑物内卫生器具和生产设备产生的污水、废水以及降落在屋面上的雨雪水加以收集后顺利畅通地及时排到室外排水管网或处理构筑物中去。为人们提供良好的生活、生产、工作和学习环境。

一、室内排水系统的分类

根据所排污水的性质，室内排水系统可分为生活污水排水系统、工业污水排水系统和雨水排水系统三大类。

1. 生活污水排水系统

用来排除人们日常生活中所产生的污、废水，也可细分为生活废水排水系统和生活污水排水系统。

（1）生活废水排水系统：是指排除建筑物内日常生活中盥洗、沐浴、洗涤等废水的管道系统。

（2）生活污水排水系统：是指排除排泄的粪便污水的排水管道系统。

建筑物内生活污水排水系按排水水质通常可划分为污废合流和污废分流两种。

1）污废合流：建筑物内生活污水与生活废水合流后排至建筑物内处理构筑物或建筑外。

2）污废分流：建筑物内生活污水与生活废水分别排至建筑物内处理构筑物或建筑外。

2. 工业污（废）水排水系统

排除工矿企业在生产过程中所产生的污（废）水。由于工业生产门类很多，所排除的污废水性质也极为复杂，可根据受污染的程度分为生产废水和生产污水两类。

（1）生产废水：是指受轻度污染或仅仅水温升高的水，如被机械杂质污染，含有悬浮物及肢体物或循环冷却水、空调制冷用水等，这类废水经简单处理就可以循环或重复使用。

（2）生产污水：是受污染较重的一类工业废水，其化学成分复杂，常含有对人体有害的物质，如含酸碱污水、印染污水、含氰污水等，这类污水需要在厂内经过技术较强的工艺处理后方可回用或排放。

3. 屋面雨水排水系统

用来排除屋面雨水和融化的雪水。

建筑物内雨水管道应与生活污水管道分别设置，单独排出。

建筑物内生活污水系统的选择，应根据排水性质及污染程度，结合室外排水体制和有利于综合利用与处理要求确定。

二、排水系统的组成

室内排水系统一般由污（废）水收集器、排水管道、通气管道、清通设备、抽升设备及局部处理设备等组成。如图 2-1 所示。

1. 污（废）水收集器

指各种卫生器具、排放工业污（废）水的设备和雨水斗等，是室内排水管网的起点。在民用建筑中应尽量将这些器具布置得紧凑一些，可以减小管道长度，降低造价，并能使水流通畅。

2. 排水管道

按水流顺序排水管道依次由器具排水管、排水横支管、排水立管和排出管等组成。

（1）器具排水管：指只连接一个卫生器具的排水管。除坐式大便器和自带水封的地漏外，器具排水管上均应设存水弯，以防止排水管道中的有毒有害气体或小虫进入室内。

（2）排水横支管：指连接 2 个或 2 个以上卫生器具排水支管的水平排水管。作用是将器具排水管送来的污水排至立管。横支管应具有一定的坡度。

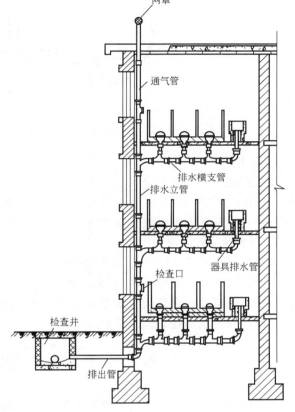

图 2-1 室内排水系统

（3）排水立管：立管的作用是接受各横支管排来的污水，并排至排出管。

（4）排出管：也叫出户管，它是室内排水系统与室外排水系统的连接管道。用来收集一根或几根立管排来的污水，并将其排至室外排水管网中去。

3. 通气管

排水系统中不过水只透气的一种管道，也称透气管。最简单的通气管叫伸顶通气管。是指排水立管伸出屋顶不过水的那部分。一般应伸出顶层屋面 0.3m 以上，且应大于最大积雪厚度。如果是可上人的屋顶则要伸出屋顶 2.0m。

通气管的作用是：

（1）使管道中散发出的臭气和有害气体及时排到大气中去；

（2）向室内管道补给新鲜空气，使水流畅通，气压稳定，减少废气对管道的腐蚀；防止卫生器具水封被破坏。

4. 清通设备

为了在管道堵塞时清通建筑物内排水管道，应在室内排水管道的适当部位设置清扫口、检查口和室内检查井等清通设备，如图 2-2 所示。

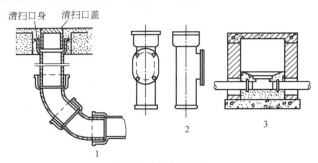

图 2-2　清通设备

1—清扫口；2—检查口；3—室内检查井

5. 污水抽升设备

在民用建筑、公共建筑的地下室，人防建筑及工业建筑内部标高低于室外地坪的车间和其他用水设备的房间中，卫生器具的污水不能重力自流排至室外管道时，需设水泵等设备抽升排水。常见的抽升设备是水泵。

6. 污水局部处理设备

当室内污水未经处理不允许直接排入室外排水管网时（如呈强酸性、强碱性、含大量汽油、油脂或大量杂质的污水），则必须要设置污水局部处理设备，使污水水质得到初步改善后再排入室外排水管道。根据污水性质的不同，可以采用不同的污水局部处理设备，如沉淀池、除油池、化粪池、中和池等。

第二节　室内排水管道的布置

建筑物内排水管道布置时，既要保证管道内的良好水力条件，又要便于维护管理，保护管道免遭破坏，满足使用安全以及经济和美观的要求。

管道布置应符合下列基本要求：

（1）管道自卫生器具至排出管的距离应最短，管道转弯应最少。

（2）排水立管宜设在排水量最大、靠近最脏、杂质最多的排水点处。立管尽量不转弯。

（3）排水管道不得布置在遇水会引起燃烧、爆炸或损坏的原料、产品和设备的上面。

（4）排水管道不得布置在食堂、饮食业厨房的主副食操作、烹调、备餐部位、浴池、游泳池的上方。当受条件限制不能避免时，应采取防护措施。

（5）不得穿过沉降缝、伸缩缝、防震缝、烟道和风道。必须穿过时，应采取相应的防护措施。如采用不锈钢软管柔性连接和设置伸缩器。

（6）排水埋地管道不得穿越生产设备或布置在可能受重物压坏处。特殊情况下，应与有关专业协商处理。

（7）楼层排水管道不应埋设在结构层内。

（8）生活排水立管不得穿越卧室、病房等对卫生、安静要求较高的房间，并不宜靠近与卧室相邻的内墙。

（9）住宅卫生间的卫生器具排水管不宜穿越楼板进入他户。

（10）生活饮用水池（水箱）的上方，不得布置排水管道，且在周围 2m 内不应有污水管线。

一、室内排水管道

1. 卫生器具排水管

凡有隔绝臭气要求的卫生器具和生产污水受水器，在泄水口下方的器具排水管上，均应设置存水弯，起水封阻气作用。设存水弯有困难时，应在排水管上设水封井或水封盒，其水封深度应分别不小于 100mm 和 50mm。

下列设备和容器的器具排水管不得与污（废）水管道系统直接连接，应采取间接排水的方式：

（1）生活饮用水贮水箱（池）的泄水管和溢流管。

（2）厨房内食品设备及洗涤设备的排水管。

（3）医疗灭菌设备的排水管。

（4）蒸发式冷却器、空气冷却塔等空调设备的排水管。

（5）储藏食品或饮料的冷藏间、冷藏库的地面排水和冷风机溶霜水盘的排水管。

所谓间接排水是指设备或容器的排水管与污（废）水管道之间，不但要设有存水弯隔气，而且还留有一段空气间隔，如图 2-3 所示。

器具排水管与排水横管连接时，宜采用 45°三通或 90°斜三通。

2. 排水横支管

排水横支管的位置及方向应视卫生器具和排水立管的相对位置而定。它可以沿墙敷设在地板上，也可用间距为 1～1.5m 的吊环悬吊在楼板下。底层的横支管宜采用埋地敷设，其他楼层的横支管可以明装或暗装，但暗装时应考虑检修的方便。

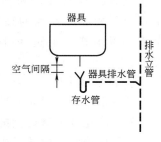

图 2-3　间接排水

排水横管不宜过长，以防因管道过长而造成虹吸作用对卫生器具水封的破坏；并且要尽量少转弯，尤其是连接大便器的横支管，宜直线与立管连接，以减少阻塞及清扫口的数量。排水管道的横管与横管、横管与立管之间的连接，宜采用 45°三通或 45°四通或 90°斜三通。

排水立管仅设伸顶通气管时，最低排水横支管与立管连接处距排水立管管底垂直距离应符合表 2-1 的要求。

最低横支管与立管连接处至立管管底的最小垂直距离　　　　表 2-1

立管连接卫生器具的层数	垂直距离（m）	立管连接卫生器具的层数	垂直距离（m）
≤4	0.45	13～19	3.00
5～6	0.75	≥20	6.00
7～12	1.20		

排水支管连接在排出管或排水横干管上时，连接点距立管底部水平距离不宜小于 3.0m。

在连接 2 个及 2 个以上的大便器或 3 个以上卫生器具的污水横支管的始端应设置清

19

扫口。

3. 排水立管

排水立管连接各层的排水横管。立管一般不允许转弯，当上下位置错开时，宜用乙字管或两个45°弯头连接。

在多层建筑物内，由于立管较高，下游静水压力较大，加上堵塞等原因，致使上层污水经底层卫生器具口冒出，影响室内卫生。因此宜将底层的生活污水管道与楼层的生活污水管道分开设置。

排水立管一般沿墙角或柱垂直敷设。在有特殊要求的建筑物内，立管可设在管槽、管井内，但必须考虑安装与检修方便，在检查口处应设检修门。立管管壁与墙、柱等表面应有30～50mm的安装净距离。立管穿楼板时，应加设套管，对于现浇楼板应预留孔洞或镶入套管，其孔洞尺寸较管径大50～100mm。

立管的固定常采用管卡，管卡间距不得超过3m，但每层必须设置一个管卡，宜设于立管接头处。

为了便于管道清通，排水立管上应设检查口。其间距不大于10m，但在建筑物最底层和设有卫生器具的二层以上及坡顶建筑物的最高层，必须设置检查口，平顶建筑可用伸顶通气管代替最高层检查口。当立管上有乙字管时，在乙字管的上部应设检查口。检查口的中心距地面的高度一般为1m。为了便于拆装和清通操作，检查口中心应高出该层卫生器具上边缘0.15m，并与墙面成15°夹角。排水立管下端与排水横干管连接。

4. 排水横干管

排水横干管一般埋地设在底层地面以下。

为了防止埋地管道受机械压损破坏，管顶的最小埋深要符合规定要求。

为了保证水流畅通，排水横干管要尽量少转弯，横干管与排水支管之间、排出管与其同一检查井内的室外排水管之间的水流方向的交角不得小于90°；当跌落差大于0.3m时，可以不受此限制。在室外排水检查井内，排出管管顶标高不得低于室外排水管干管顶标高，以利于室内排水顺利排出。

排水横干管及排出管在穿越建筑物承重墙或基础时，要预留孔洞，其管顶上部的净空高度不得小于房屋的沉降量，且不小于0.15m。

排水管穿过地下室外墙或地下构筑物墙壁处，应采取防水措施。可按标准图集02S404设置防水套管。对于有严格要求的建筑物，必须采用柔性防水套管。

对于明装的排水管道，如果可能结露，则应根据建筑物性质和使用要求，采取防结露措施，所采用的隔热材料宜与建筑物的热水管道保温材料一致，防结露层厚度经计算确定。

二、通气管

生活污水管道或散发有害气体的生产污水管道系统上，为了平衡排水系统内的压力，创造良好的水流条件，确保管内水流畅通，保护存水弯水封，减小系统的噪声和及时排除系统内的有害气体，需要设置通气管路系统。

最简单的通气管路系统为排水立管顶部设管穿过屋顶，这部分伸出屋顶的管路称为伸顶通气管。

对于有伸顶通气的生活污水立管，其所承担的卫生器具数或排出污水流量超过规定时，应设专用通气系统；当排水横支管上承接的卫生器具数量超过允许负荷时，应设辅助通气系统。

专用通气系统由专用通气立管、伸顶通气管和结合通气管组成。辅助通气系统由主通气立管或副通气立管、伸顶通气管、环形通气管、器具通气管和结合通气管组成，如图2-4所示。

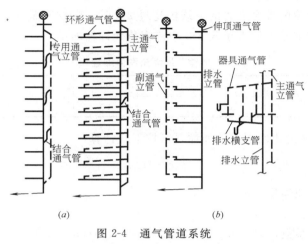

图 2-4　通气管道系统
(a) 专用通气系统；(b) 辅助通气系统

建筑标准要求高的多层住宅和公共建筑、10层及10层以上高层建筑的生活污水立管宜设置专用通气立管。

连接4个及4个以上卫生器具并与立管的距离大于12m的排水横支管或连接6个及6个以上大便器的排水横支管以及虽然不超过上述规定，但建筑物性质重要、使用要求较高时均应设置环形通气管。

对卫生、安静要求较高的建筑物内，生活污水管道宜设置器具通气管。通气管不得与建筑物的风道或烟道连接，通气管内不得接纳卫生器具的污（废）水和雨水。

生活污水管道的立管顶端应设置伸顶通气管，通气管应高出屋面不得小于0.3m（屋顶有隔热层时，应从隔热层板面算起），且必须大于最大积雪厚度。通气管顶端应装设风帽或网罩。在其出口4m以内有门窗时，须高出窗顶0.6m或引向无门窗一侧，在经常有人停留的平屋面上应高出屋面2m，并应根据防雷要求考虑防雷装置。通气管出口不宜设在房屋的屋檐、阳台、雨篷的下面。

通气管的管材，可采用塑料排水管和柔性接口机制排水铸铁管等。

三、室内塑料管道的布置

塑料排水管道，一般采用硬聚氯乙烯管，其布置与敷设除应符合上面所述的基本要求以外，还应符合下列规定：

(1) 塑料管道应避免靠近热源布置。如不能避免，并导致管道表面受热温度大于60℃时，应采取隔热措施。如采用轻质隔热材料保护，立管与家用灶具边缘不得小于0.4m。

(2) 管道应避免设置在易受机械撞击处，如不能避免时，应采取设金属套管、做管井、加防护遮挡等措施。

（3）为了消除管道因温度变化所产生的伸缩对排水系统的影响，应根据下列要求，设置伸缩节（螺纹连接及胶圈连接的管道系统可不设伸缩节）：

1）当层高小于等于4m时，立管应每层设一伸缩节；当层高大于4m时，应按设计伸缩量确定，但伸缩节之间的距离不得大于4m。

2）横干管上伸缩节的设置，应根据设计伸缩量确定。

3）横支管上合流配件至立管的直线段超过2m时，应设伸缩节。

4）管道设计伸缩量不应大于表2-2中伸缩节允许伸缩量。

伸缩节最大允许伸缩量 　　　　　　　　　　　　　　　　表2-2

管径(mm)	50	75	90	110	125	160
最大允许伸缩量(mm)	12	15	20	20	20	25

管道受环境温度变化而引起的伸缩量可按下式计算

$$\Delta L = L\alpha\Delta t$$

式中　ΔL——管道伸缩量，m；

　　　L——管道长度，m；

　　　α——膨胀系数，采用$6\times10^{-5}\sim8\times10^{-5}$，m/(m·℃)；

　　　Δt——温差，℃。（为使用中可能出现的内外介质的最高和最低温度的温差）

（4）塑料排水管道穿越楼层防火墙或管井时，应根据建筑物性质、管径和设置条件以及穿越部位防火等级等要求设置阻火装置。

（5）塑料排水管的固定在采用支、吊架时，其间距应符合表2-3的规定。立管底部应采取牢固的支承或固定措施。

排水塑料管道支吊架最大间距 　　　　　　　　　　　　　　表2-3

管径(mm)	40	50	75	90	110	125	160
立管(m)		1.2	1.5	2.0	2.0	2.0	2.0
横管(m)	0.40	0.5	0.75	0.90	1.10	1.25	1.60

四、特殊排水系统

高层建筑室内排水系统的排气和通水能力容易受管道内压力急剧变化的影响，存水弯内水封容易受破坏而使得排水管路中的臭气冲出来影响环境卫生，除了设置通气管和适当放大管径等措施以外，在高层建筑的室内排水系统上还有两种特殊的新型排水系统。

1. 特殊配件的单立管排水

这种排水系统是在单立管排水系统上装设特殊配件，除了能正常排水外，还具有气水混合、减缓立管中水流速度、消除水舌、气水分离及消能等功能。往往用于设有卫生器具层数在10层及10层以上的高层建筑或卫生间、管道井面积较小难以设置专用通气立管的建筑。

特殊配件为构造特殊、具有改善排水系统水流工况和气压波动的连接配件，由上部特制配件和下部特制配件组成。

上部特制配件连接排水横支管与排水立管，主要有混合器、环流器、环旋器、侧流器、管旋器等。

下部特制配件连接排水立管与排水横干管或排出管，主要有跑气器、角笛式弯头、大曲率异径弯头等。

特殊配件的单立管排水系统的立管最大排水能力，应根据配件产品水力参数确定。立管设计流量的选值不得超过表2-4中的数值。

特殊配件的单立管排水系统的立管最大排水能力　　　　表 2-4

排水立管管径(mm)	排水能力(L/s)	
	混合器	旋流器
100(110)	6.0	7.0
125	9.0	10.0
150(160)	13.0	15.0

2. 螺旋管排水

也叫旋流式单立管排水系统。其主要部件有两个，一是用于连接立管与各楼层横支管的旋流连接配件，二是用于连接立管底部与排水管的特殊排水弯头，适用条件同特殊配件的单立管排水，其最大通水能力见表2-5。

螺旋管排水系统的立管最大排水能力　　　　表 2-5

公称外径(mm)	75	110	160
排水能力(L/s)	3.0	6.0	13.0

第三节　室内排水管材及附件

一、室内排水用管材

室内排水用管材目前主要采用建筑排水塑料管及管件或柔性接口机制排水铸铁管及相应管件。管材的选择，应综合考虑建筑物的使用性质、建筑高度、抗震要求、防火要求及当地的管材供应条件因地制宜选用。

1. 排水铸铁管

排水铸铁管的管壁较给水铸铁管的管壁薄，不能承受高压，管长一般为 1.0～1.5m。管径 50～200mm。排水铸铁管耐腐蚀，价格便宜，寿命长，但性脆，自重大，耐高压，常用于生活污水和雨水管道，对高度大于 30m 的生活污水排水立管下段和排出管常用给水铸铁管代替排水铸铁管。

柔性接口机制排水铸铁管直管及管件为灰口铸铁。直管应为离心浇筑成型，管件应为机压砂型浇筑成型。排水铸铁管常用管件，如图2-5所示。

2. 硬聚氯乙烯塑料管

塑料管具有良好的化学稳定性和耐腐蚀性，质量轻、内外壁表面光滑、不易结垢、容易切割、节约金属管材，但强度低、耐温性能差，用于建筑物内连续排放污水温度不大于

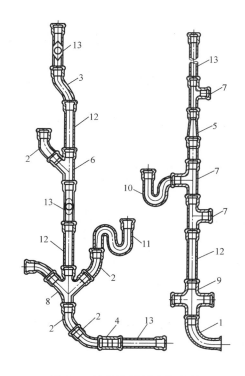

图 2-5　铸铁管承插连接配件

1—90°弯头；2—45°弯头；3—乙字管；4—双承管；
5—大小头；6—斜三通；7—正三通；8—斜四通；
9—正四通；10—P形存水弯；11—S形存水弯；
12—直管；13—检查口短管

40℃、瞬时温度不大于 80℃的生活污水管道，也可用于生产污水管道。排水塑料管多采用以粘接为主，配以适当橡胶柔性接口的连接方法。

目前在室内排水系统中，硬聚氯乙烯塑料管最为常用。硬聚氯乙烯塑料管管材的外径主要有以下五种规格：40mm、50mm、75mm、110mm 及 160mm。管件主要有 45°弯头、90°弯头、90°顺水三通、45°斜三通、瓶形三通、正四通、45°斜四通、直角四通、异径管等。

二、排水常用附件

室内排水常用附件主要有存水弯、检查口、清扫口、检查井、地漏、通气帽等。

1. 存水弯

存水弯是设置在卫生器具排水管上和生产污废水受水器的泄水口下方的排水附件，按其外形分为 P 形和 S 形存水弯（目前在排水塑料管上也出现了如 V 形和 U 形等存水弯），其构造如图 2-5 中所示。在弯曲段内存有 50～100mm 深的水，称作水封。其作用是隔绝和防止排水管道内所产生的难闻有害气体和可燃气体以及小虫等

通过卫生器具进入室内而污染环境。除坐式大便器和自带水封的地漏外，排水支管上均应设置存水弯。存水弯也可分为带有清通丝堵（见图 2-6）和不带清通丝堵两种类型。

常用的水封装置除存水弯外，还有水封盒与水封井。

2. 清通附件

清通附件包括检查口、清扫口和室内检查井等。

（1）检查口：检查口为带有可开启检查盖的配件，装设在排水立管及较长水平管段上，作检查和双向清通管道用。检查口在立管上一般每隔一层设一个，但在最底层和有卫生器具的最高层必须设置。如为二层建筑，可仅在底层设置。安装检查口时，应使开口向外，并与墙面成 45°夹角。检查口中心距地面距离为 1m，并至少高出该层卫生器具上边缘 0.15m。

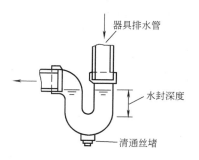

图 2-6　带清通丝堵的
P形存水弯水封

（2）清扫口：是设置在排水横管上用于单向清通排水管道的维修口。当排水横管上连接 2 个或 2 个以上大便器、3 个或 3 个以上其他卫生器具时应设置清扫口；在水流转角小于 135°的污水横管上应设置清扫口；若直线横管较长时，每隔一定距离也应设置清扫口。由于清扫口只能从一个方向清通，因此它一般都只装设在排水横管的起端。清扫口顶面宜

与地面相平。有时也可用带螺栓盖板的弯头或带堵头的三通配件或大口径地漏代替清扫口。

管径小于100mm的排水管道上设置清扫口，其尺寸应与管道同径；管径等于或大于100mm的排水管道上应设置100mm的清扫口。

（3）室内检查井：对于不散发有害气体或大量蒸汽的工业废水排水管道，在管道转弯、变径处和坡度改变及连接支管处，可在建筑物内设置检查井。在直线管段上，排除生产废水时，检查井的距离不宜大于30m；排除生产污水时，检查井的距离不宜大于20m。对于生活污水排水管道，在建筑物内不宜设置检查井。

3. 地漏

在需要从地面上排除积水的房间内（如厕所、浴室、卫生间等），需设置地漏。地漏一般有铸铁和塑料的两种。在排水口处盖有箅子以阻止杂物进入排水管道，其构造有带水封和不带水封的两种。图2-7为自带水封的地漏。

地漏应装在不透水地面的最低处，其箅子顶面应比周围地面低5mm。地漏水封深度不得小于50mm，周围地面应有不小于0.01的坡度坡向地漏。

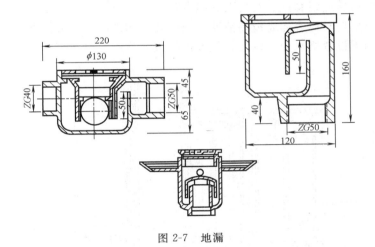

图2-7　地漏

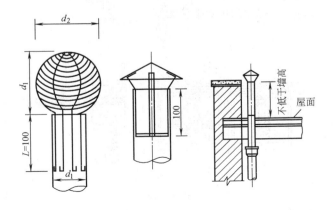

图2-8　通气帽

25

当地漏装设在排水横管的起端时，可兼做清扫口用。

4. 通气帽

在伸顶通气管的顶端应设通气帽（也叫透气帽），以防止杂物掉入管内。一般有伞形和网罩形两种。如图 2-8 所示。

第四节　卫生器具及冲洗设备

卫生器具是室内排水系统的重要组成部分，是用来满足人们日常生活中各种卫生要求、收集和排放生活及生产中的污、废水的设备。卫生器具按其作用分为以下几类：

（1）便溺用卫生器具：如大便器、大便槽、小便器、小便槽等；

（2）盥洗、沐浴用卫生器具：如洗脸盆、盥洗槽、浴盆、淋浴器等；

（3）洗涤用卫生器具：如洗涤盆、污水盆、化验盆等；

（4）其他专用卫生器具：如医疗用的倒便器、水疗设备、妇女净身盆、实验室等特殊需要的卫生器具。

卫生器具的材质应耐腐蚀、耐磨擦、耐老化、耐冷热、具有一定的强度、不含对人体有害的成分；卫生器具应表面光滑易清洗、便于安装和维修。除大便器外，所有卫生器具在其排水口处均需设置排水栓，以防较粗大污物进入管道而引起堵塞。

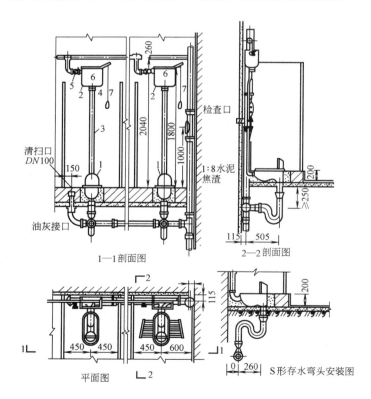

图 2-9　蹲式大便器安装图

1—蹲式大便器；2—冲洗高水箱；3—冲洗管；4—冲洗管配件；
5—闸阀；6—浮球阀配件；7—拉链

制造卫生器具的材料有陶瓷、钢板搪瓷、不锈钢、塑料、大理石等。

1. 便溺用卫生器具

（1）大便器。

目前常用大便器主要有蹲式大便器、坐式大便器和大便槽三种类型。

1）蹲式大便器　蹲式大便器按构造形式属于盘形大便器，在集体宿舍、普通住宅、公共建筑卫生间、公共厕所内广泛采用。由于大便器本身不带水封，安装时须另装存水弯。为了装设存水弯，大便器一般都安装在地面以上的平台中。蹲式大便器现大都采用延时自闭式冲洗阀冲洗。蹲式大便器的安装，见《给水排水标准图集》（99S304）。如图2-9所示。

2）坐式大便器　坐式大便器多用于住宅、宾馆、旅馆、酒店等高级建筑卫生间内，它本体构造中自带水封装置，所以可不设存水弯。常用的坐式大便器为漏斗型的，按冲洗的水力原理又可分为冲洗式和虹吸式两种。冲洗式大便器是靠冲洗设备所具有的水头冲洗，冲洗时噪声大，水面小而浅，污物不易被冲洗干净而产生臭气，卫生条件较差。

虹吸式大便器是靠冲洗水头和虹吸作用冲洗，排污能力强，噪声小，冲洗干净。为了进一步提高排污能力和节水、消声，虹吸式坐便器又分为喷射虹吸式坐便器和旋涡虹吸式坐便器。尤其是旋涡式坐便器的排污能力特别强、噪声更小、冲洗十分干净。

目前，已出现了多种节水、消声坐便器，如设有两种不同水量的坐便器等。

坐式大便器坐落在卫生间地面上，不设台阶。在地面的垫层里，按坐式大便器底座螺孔的位置预先埋 L 梯形木砖，然后用木螺钉将坐式大便器固定在木砖上。坐式大便器多配以低水箱加以冲洗。低水箱坐式大便器的安装如图2-10所示。

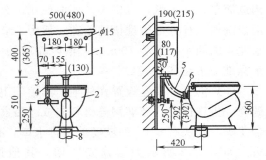

图 2-10　坐式大便器安装图
1—冲洗低水箱；2—坐便器；3—浮球阀配件；
4—水箱进水管；5—冲洗管及配件；6—锁紧螺母；
7—直角形截止阀；8—DN100 排水铸铁管

3）大便槽　大便槽是一个狭长开口的槽，它的卫生条件不好，而且耗水量大，不够经济，现已较少采用。

（2）小便器

1）挂式小便器　挂式小便器多装于公共建筑的男厕所中，当同时使用小便器人数较少时，宜采用手动冲洗阀冲洗；当同时使用小便器人数较多时，可采用自动冲洗水箱冲洗。

2）立式小便器　立式小便器一般设置在卫生设备标准较高的公共建筑的男厕所中，常成组设置。立式小便器靠墙竖立安装在地板上，每个小便器有自己的冲洗水进口，进水口下设有扇形布水口，使冲洗水沿内壁面均匀淋下。

3）小便槽　小便槽结构简单、造价低，比小便器可容纳的使用人数多，能同时供多人使用，因此在公共建筑、学校、集体宿舍等的男厕所中应用较广。小便槽宽300～400mm，起端槽深不小于100mm，槽底坡度不小于0.01，槽外侧有400mm的踏步平台，并做0.01的坡度坡向槽内。小便槽沿墙1.3m高度以下铺砌瓷砖，以防腐蚀。

便溺卫生器具的冲洗设备的作用是以足够的水压和水量冲走器具中的污物,以保持器具的清洁。冲洗设备可分为两类:冲洗水箱和冲洗阀。

1)冲洗水箱 冲洗水箱的种类较多,按冲洗的水力原理分为水力式和虹吸式;按启动方式分手动和自动两种。新型冲洗水箱多为虹吸式,它具有冲洗能力强、构造简单、工作可靠、自动作用、可以控制的优点。

2)冲洗阀 冲洗阀是直接安装在大便器冲洗管上的另一种冲洗设备。其优点是:体积小,外表整洁美观,坚固耐用、安装简单,使用方便。可代替高、低冲洗水箱。现常用延时自闭式冲洗阀,它具有流量可调,延时冲洗,自动关闭,节约用水和防止回流污染管网水质等优点。

2. 盥洗、沐浴用卫生器具

(1)洗脸盆 洗脸盆安装在盥洗室、浴室、卫生间中供洗脸洗手用。洗脸盆的规格形状很多,有长方形、三角形、椭圆形,多为上釉陶瓷制品。安装方式有控架式、柱脚式(立式)。图 2-11 为单个墙架式洗脸盆,是应用最广泛的一种。

延时自闭式水龙头洗脸盆、混合龙头立式洗脸盆、混合龙头洗脸盆的安装可参见《给水排水标准图集》(99S304)。

(2)盥洗槽 盥洗槽为瓷砖、水磨石或贴面的钢筋混凝土现场建造的卫生设备,它的构造简单、造价低,可供多人同时使用。公共建筑的盥洗室、集体宿舍和工厂生活间常采用盥洗槽。长方形盥洗槽的槽宽一般为 500~600mm,距槽上边缘 200mm 处装置水龙头,水龙头的间距一般为 700mm,槽内靠墙的一侧设有泄水沟。盥洗槽的安装参见《给水排水标准图集》(99S304)。

(3)浴盆 浴盆设置在住宅、宾馆等卫生间或浴室中,供人们洗涤用。它一般用钢板搪瓷、生铁搪瓷、玻璃钢等材料制成。浴盆的外形大都呈长方形。浴盆配有冷热水管或混合龙头,盆底有 0.02 的坡度坡向排水口。有的浴盆还配置固定式或软管活动式淋浴莲蓬头。如图 2-12 所示为浴盆安装图。其他形式浴盆的安装参见《给水排水标准图集》(99S304)。

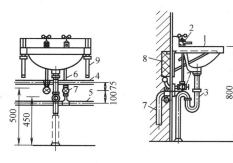

图 2-11 洗脸盆

1—洗脸盆;2—配水龙头;3—DN32 存水弯;
4—热水管;5—冷水管;6—DN15 钢管;
7—直角截止阀;8—木砖;9—支架

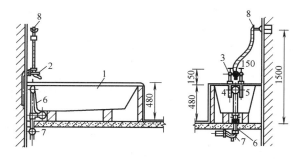

图 2-12 浴盆

1—浴盆;2—混合龙头;3—弯头;4—热水管;
5—冷水管;6—排水配件;7—存水弯;
8—软管淋水器

(4)淋浴器 淋浴器与浴盆相比具有占地面积小、耗水量小、造价低和清洁卫生等优点,因此被广泛采用在工业企业生活间、公共建筑、集体宿舍的卫生间、体育馆(场)和公共浴室中。淋浴器有成品的，也有用管件现场组装的，淋浴器的安装参见《给水排水标准图集》（99S304）。现在也出现了用于家庭的小型淋浴房，更为美观和实用，也便于解决地面积水的问题。

3. 洗涤用卫生器具

（1）洗涤盆　洗涤盆一般设在住宅厨房及公共食堂厨房内，供洗涤餐具和食物用。洗涤盘一般为陶瓷和不锈钢制品，公共食堂的洗涤盆尺寸较大，可用钢筋混凝土外贴瓷砖建造。

（2）污水池　污水池装设在公共建筑的厕所、盥洗室内，供打扫厕所、洗涤拖布、倾倒污水之用，又称拖布池。污水池深度一般为 400～500mm，多为水磨石或瓷砖贴面的钢筋混凝土制品，现也有成品。

4. 专用卫生器具

（1）饮水器　饮水器一般设置在工厂、学校、火车站、体育馆（场）和公园等公共场所，供人们饮用冷开水或消毒冷水的器具。其实质是一个铜质弹簧饮水龙头。饮水器的安装参见《给水排水标准图集》（99S304）。

（2）妇女净身盆　一般设在妇产科医院、工厂女卫生间及设备完善的居住建筑和宾馆卫生间内。

5. 整体卫生间

近年来新兴的家用组合式卫生间，美观实用，详见《给水排水标准图集》（99S304）。

第五节　屋面雨水排水系统

降落在屋面的雨水和融化的雪水，必须妥善地予以迅速排除，以免屋顶积水造成屋面漏水。按不同的分类方法，雨水排水系统分类如下：

（1）按雨水在管道中的流态分：

1）重力流（87型斗）雨水系统　即使用65型、87型雨水斗的系统，是目前我国普遍采用的系统。

2）压力流（虹吸式）雨水系统　是近年来在欧洲发展起来的一种新型的雨水排放系统，与传统的重力式雨水排放系统有很大的不同。该系统的特点是在设计中有意造成雨水悬吊管内负压抽吸流动，天沟无需汇水坡度，悬吊管无需坡度，立管可连接的雨水斗可达数十个，因而可大大减少立管数目，并且立管的位置不受限制，可灵活布置。国际上形象的称这种系统为 siphonic syestem（虹吸式），我国《建筑给水排水设计规范》（2003版本）中称为压力流雨水系统。

3）重力流（堰流式斗）雨水系统　指使用自由堰流式雨水斗的系统，系统中水流完全是无压流态。是《建筑给水排水设计规范》在我国新推出的一种雨水系统。

（2）按管道的位置分：1）外排水系统；2）内排水系统。

（3）按屋面的排水条件分：1）檐沟排水；2）天沟排水；3）无沟排水。

（4）按出户横管（渠）在室内部分是否存在自由水面分：1）密闭系统；2）敞开系统。

以上雨水系统分类在实际工程中不是独立的，往往组合在一起，比如重力流檐沟外排

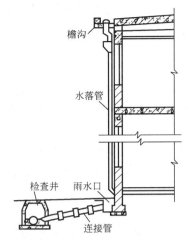

图 2-13 檐沟外排水

水系统等。下面就我国常用的重力流雨水系统作介绍。

1. 重力流檐沟外排水（水落管外排水）

对一般的居住建筑、屋面面积较小的公共建筑及小型单跨的工业建筑，雨水多采用屋面檐沟汇集，然后流入按一定间距设置在外墙的水落管排至地面明沟，再由雨水口经连接管引至室外雨水检查井。如图 2-13 所示。

根据屋面的形式及材料，檐沟常用镀锌薄钢板或混凝土制成。水落管有镀锌钢管、铸铁管和塑料管等，现在使用最多的是圆形 UPVC 塑料管（$\phi110mm$）。水落管的布置间距应根据暴雨强度、屋面汇水面积和水落管的通水能力来确定，民用建筑一般为 8～16m，工业建筑为 18～24m。

2. 重力流天沟外排水

对于大型屋面的建筑和多跨工业厂房，适于采用天沟外排水系统。所谓天沟外排水，是指利用屋面构造上所形成的天沟本身和坡度，使雨、雪水向建筑物两端（沿山墙、女儿墙方向）排放，经设置在墙外的排水立管流至地面或地下雨水管道。如图 2-14 所示。

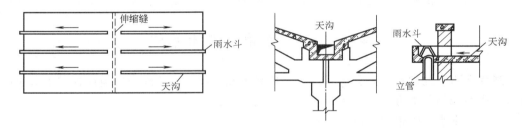

图 2-14 屋面天沟布置图

为了防止管道的堵塞，其立管的管径不宜小于 100mm。这种排水方式节约投资，施工简便，不占用厂房空间和地面，利于厂区采用明渠排水，可减小雨水干管起始端的埋深，但对天沟板连接处的防漏措施和施工质量要求较高。

为了防止天沟通过伸缩缝、沉降缝而漏水，一般以伸缩缝为天沟分水线而坡向两侧。

3. 内排水系统

屋面面积较大的工业厂房，特别是有天窗的、多跨度的、以及锯齿形的和壳形屋面等工业厂房，采用水落管和外排水有困难时，则必须在建筑物内部设置雨水内排水系统。内排水系统有重力流和压力流两种形式。对于外观造型要求较高的建筑、高层和大面积的民用建筑等，也应采用内排水方式。如图 2-15 所示，系统由以下各部分组成：

（1）雨水斗。

雨水斗的作用是迅速地排除屋面雨、雪水，并能将粗大杂质拦阻下来。为此，要求雨水斗应具备如下特点：1）在保证能阻拦杂质的前提下，承担的汇水面积越大越好，结构上要导流通畅使水流平稳和阻力小；2）顶部应无孔眼，不使其内部与空气相通，以达到

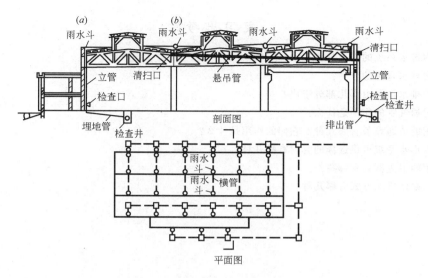

图 2-15　屋面内排水系统示意图

排泄水时夹气量小的要求；3）构造高度要小，一般以 5～8cm 为宜；4）制造简单。

一般屋面天沟中每隔一段距离装设一个雨水斗，雨水斗的布置既要考虑屋面和天沟的构造，又要保证水流通畅。雨水斗间距过小会增加管道造价；间距过大则不能及时排除雨水。布置雨水斗时，一般应以伸缩缝或沉降缝作为天沟的分水线，否则应在缝的两侧各设一个。

为了保证屋面和天沟中的雨水及时排除，屋面和天沟应有明显的坡度，坡向雨水斗。

（2）悬吊管。

当室内地下有大量设备、基础和各种管线以及生产工艺不允许设置埋地雨水横管时，需设悬吊管，即吊在屋架下面的雨水排水横管。这种悬吊管可承纳一个或几个（不超过 4 个）雨水斗的流量。悬吊管可以将雨水直接经主管输送至室外的检查井及排水管网。

悬吊管用铁箍、吊环等固定在建筑物的屋架、梁和墙上，并有不小于 0.003 的坡度，坡向立管。当管径小于等于 150mm，长度超过 15m 时，或管径为 200mm，长度超过 20m 时，应在悬吊管口设检查口。

（3）立管。

主管接纳悬吊管或雨水斗的水流，通常沿柱、墙布置，每隔 2m 用卡箍固定。立管上应设置检查口，检查口中心距地面高度为 1m。立管管径不得小于与其连接的悬吊管的管径。雨水立管一般可用铸铁管或塑料管，在可能受到振动的地方宜采用焊接钢管，焊接连接。

（4）地下雨水管道及检查井。

地下雨水管道接纳各立管流来的雨水及较洁净的生产废水，并将其排至室外雨水管道中去。地下雨水管道可采用混凝土管或钢筋混凝土管，也可采用塑料管。其管径不得小于与其连接的雨水立管管径。在埋地管的转弯、交叉、改变管径、改变坡度等处或管段太长的情况下，均需要设置检查井。检查井形式及构造可参见《给水排水标准图集》（02S515）。

复习思考题

1. 室内排水系统的任务是什么？
2. 室内排水系统的分类？
3. 室内排水系统由哪几部分组成？
4. 设置通气管的作用是什么？
5. 常用的清通设备有哪几种？它们的作用是什么？
6. 室内排水系统可供选择的管材有哪几种？
7. 常用的卫生器具有哪些？
8. 屋面雨水排除方式有哪几种？

第三章 室内消防系统

作为建筑物固定灭火设备，当前国内外有室内外消火栓给水系统、自动喷水灭火系统、二氧化碳灭火系统、干粉灭火系统、卤代烷灭火系统和烟雾灭火系统等。本章重点介绍完全用冷水灭火的室内消火栓灭火系统及自动喷水灭火系统。

建筑物内部设置以水为灭火剂的消防给水系统是经济有效的方法。根据我国常用消防车的供水能力，10层以下的住宅建筑、建筑高度不超过24m的其他民用建筑和工业建筑的室内消防给水系统，属于低层建筑室内消防给水系统。其主要任务是：扑灭建筑物初期火灾，对较大火灾还要求助于城市消防车赶到现场扑灭。按现行国家标准《高层民用建筑设计防火规范》（GB 50045）要求，高层建筑灭火必须立足于自救，高层建筑室内消防给水系统应具有扑灭建筑物大火灾的能力。《建筑设计防火规范》（GBJ 16）规定，下列建筑物必须设置室内消防给水系统：

（1）厂房、库房、高度不超过24m的科研楼（存有与水接触能引起爆炸、燃烧的物品除外）；

（2）超过800个座位的剧院、电影院、俱乐部和超过1200个座位的礼堂、体育馆；

（3）体积超过5000m³的车站、码头、机场建筑物以及展览馆、商店、病房楼、门诊楼、图书馆、书库等；

（4）超过7层的单元式住宅、超过6层的塔式住宅、通廊式住宅、底层设有商业网点的单元式住宅，底层为商场或车库且共用疏散楼梯的住宅；

（5）超过5层或体积超过10000m³的其他民用建筑（如综合楼、办公楼等）；

（6）国家级文物保护单位的重点砖木或木结构的古建筑。

在一般建筑物及厂房内，消防给水通常与生活、生产给水管道组成统一的给水系统。当建筑物对消防要求较高、共用一个系统不经济或技术上不可能（如高层建筑，生产对水质、水压有特殊要求的建筑）时，应设置独立的消防给水系统。

常用的室内消防给水系统有消火栓灭火系统、闭式自动喷水灭水系统、开式自动喷水灭火系统以及消防炮。

除此之外，还有不宜用水作灭火剂扑灭电厂火灾的卤代烷1211灭火系统，以及扑灭室外变压器火灾的水喷雾灭火系统和扑灭油罐区火灾的泡沫灭火系统。

第一节 室内消火栓给水系统

一、室内消火栓灭火系统的组成与消火栓的布置

室内消火栓灭火系统是由消防供水水源（市政给水、天然水源、消防水池），消防供水设备（水塔、高位消防水箱、消防水泵、水泵结合器），消防给水管网（进水管、水平干管、消防竖管），室内消火栓和消火栓箱（包括水枪、水带和直接启动水泵的按钮），稳

压减压控制设备等组成。

水枪是灭火的重要工具，用铜、铝合金或塑料制成，它的作用在于产生灭火需要的充实水柱。充实水柱，是指从水枪射出的消防射流中最有效的一段射流长度，它占全部消防射流量的75%～90%，在直径为26～38mm的圆断面通过，并保持紧密状态，具有扑灭火灾的能力。

室内一般采用直流式水枪，常用的喷嘴口径规格有13mm、16mm、19mm三种。喷嘴口径为13mm的水枪配有50mm的接口；喷嘴口径为16mm的水枪配有50mm或65mm的接口；喷嘴口径为19mm的水枪配有65mm的接口。室内消防水带有麻织、棉织和衬胶的三种，衬胶水带压力损失小，但抗折叠性能不如麻织和棉织的好。室内常用的消防水带有ϕ50和ϕ65的两种规格，其长度不宜超过25mm。

室内消火栓是具有内扣式接头的角形截止阀，按其出口形式分为直角单出口式、45°单出口式和直角双出口式三种，图3-1为单出口室内消火栓。

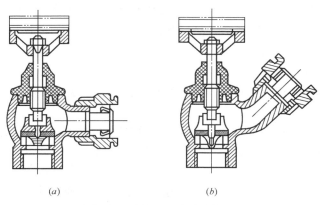

(a)　　　　　　　　　　(b)

图3-1　单出口室内消火栓

(a) 直角单出口式；(b) 45°单出口式

单出口室内消火栓进、出口直径有DN50、DN65两种。进水口端与消防立管相连接，出水口端与水带相连接。多层建筑当室内消火栓设计用水量小于10L/s时，宜采用DN50出水口的消火栓；当设计用水量不小于10L/s时，宜采用DN65出水口的消火栓。

室内消火栓、水带和水枪之间的连接，一般采用内扣式快速接头。在同一建筑物内应采用同一规格的水枪、水带和消火栓，以利于维护、管理和串用。常用消火栓箱的规格有800mm×650mm×200（320）mm，用木材、铝合金或钢板而成，外装玻璃门，门上应有明显的标志，箱内水带和水枪平时应安放整齐，如图3-2所示。

在设有空气调节系统的旅馆、办公楼，以及超过1500个座位的剧院、礼堂闷顶内安装面灯部位的马道处，在室内消火栓旁宜增设自救式小口径消火栓（消防水喉），配DN25的消防软管和水枪，即消防水喉，如图3-3所示。消防水喉应设在专用消防主管上，不得在消火栓立管上接出。

室内消火栓应布置在建筑物内各层明显、易于取用和经常有人出入的地方，如楼梯间、走廊、大厅、车间的出入口、消防电梯的前室等处。

设有室内消火栓的建筑物为平屋顶时，在平屋顶上需设试验检查用消火栓。有可能结冻的地区，屋顶消火栓应设于水箱间内或有防冻技术措施。消火栓口距地板面的高度为

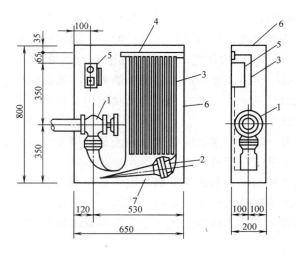

图 3-2　室内消火栓箱

1—消火栓；2—水带接口；3—水带；4—挂架；5—消防水泵按钮；6—消火栓箱；7—水枪

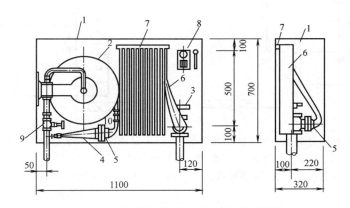

图 3-3　带消防软管卷盘的室内消火栓箱

1—消火栓箱；2—消防软管卷盘；3—消火栓；4—水枪；5—水带接口；

6—水带；7—挂架；8—消防水泵按钮；9—SAN25消火栓；10—小口径开关水枪

1.1m，出水方向宜向下或与设置消火栓的墙面成 90°角。室内消火栓的布置，应保证有两支水枪的充实水柱，能同时到达室内任何部位。

建筑高度小于或等于 24m，且体积小于或等于 5000m³ 的库房，可用一支水枪充实水柱到达室内任何部位。水枪充实水柱的长度由计算确定，一般不小于 7m。

甲乙类厂房、超过 4 层的厂房和库房，以及超过 6 层的民用建筑，其充实水柱不应小于 10m。

高层工业建筑、高架库房及建筑高度超过 50m 的百货楼、展览楼、财贸金融楼、省级邮政楼、高级旅馆、重要科研楼，其充实水柱不应小于 13m。

室内消火栓的布置间距应由计算确定。单层和多层建筑室内消火栓的布置间距不应大于 50m；高层工业建筑、高架库房、甲乙类厂房，室内消火栓的间距不应超过 30m。

冷库的室内消火栓应设在常温走道或楼梯间内。

多层或高层工业建筑和水箱不能满足最不利点消火栓水压要求的其他建筑，应在每个室内消火栓处设置直接启动消防水泵的按钮，并应有保护设施。

当室内要求两股充实水柱同时到达任何部位时，一般均用单出口消火栓进行布置。只有在每层面积小于 500m² 的塔式住宅，设置两根竖管有困难时，可设置一根竖管，并采用双出口消火栓，或在一个消火栓箱内安装两个消火栓。通廊式住宅的端头，设置竖管有困难时，也可采用双出口消火栓，或在一个消火栓箱内安装两个消火栓。

二、室内消火栓给水系统

根据建筑物的高度，室外给水管网的水压和流量，以及室内消防管道对水压和水量的要求，室内消火栓灭火系统一般有下面几种给水方式：

（1）当室外给水管网的压力和流量能满足室内最不利点消火栓的设计水压和水量时，宜采用无加压水泵和水箱的消火栓灭火系统，如图 3-4 所示。

（2）在水压变化较大的城市或居住区，宜采用单设水箱的室内消火栓给水系统，如图 3-5 所示。

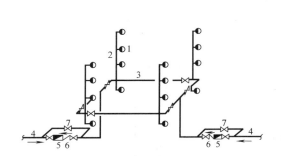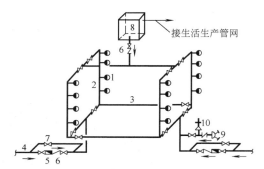

图 3-4　无加压泵和水箱的室内消火栓给水系统
1—室内消火栓；2—消防竖管；3—干管；4—进户管；
5—水表；6—止回阀；7—旁通管及阀门

图 3-5　设有水箱的室内消火栓给水系统
1—室内消火栓；2—消防竖管；3—干管；4—进户管；
5—水表；6—旁通管及阀门；7—止回阀；8—水箱；
9—水泵接合器；10—安全阀

当生活、生产用水量达到最大时，室外管网不能保证室内最不利点消火栓的压力和流量，由水箱出水满足消防要求；而当生活、生产用水量较小时，室外管网压力又较大，可由各高位水箱补水。这种方式管网应独立设置，水箱可以和生活、生产合用，但必须保证储存 10min 的消防用水量不被他用，同时还应设水泵接合器。

（3）当室外管网的压力和流量经常不能满足室内消防给水系统所需的水量和水压时，宜采用设有加压水泵和水箱的消火栓灭火系统，如图 3-6 所示。

消防用水与生活、生产用水合并的室内消火栓给水系统，其消防泵应保证供应生活、生产、消防用水的最大秒流量，并应满足室内管网最不利点消火栓的水压。水箱应储 10min 的消防用水量。

（4）建筑高度大于 24m 但不超过 50m，室内消火栓栓口处，静水压力超过 0.8MPa 的工业与民用建筑室内消火栓灭火系统，仍可得到消防车通过水泵接合器向室内管网供水，以加强室内消防给水系统工作，系统可采用不分区的消火栓灭火系统，如图 3-7 所示。

（5）建筑高度超过 50m 或室内消火栓栓口处，静压大于 0.8MPa 时，消防车已难于协助灭火，室内消防给水系统应具有扑灭建筑物内大火的能力，为了加强供水安全和保证

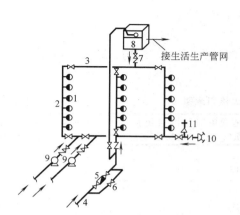

图 3-6　设有消防泵和水箱的室内消火栓给水系统

1—室内消火栓；2—消防竖管；3—干管；4—进户管；
5—水表；6—止回阀；7—旁通管及阀门；8—水箱；
9—水泵；10—水泵接合器；11—安全阀

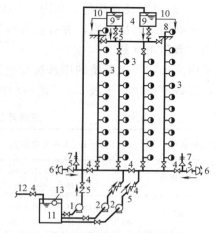

图 3-7　不分区室内消火栓给水系统

1—生活、生产水泵；2—消防水泵；3—启动按钮；
4—阀门；5—止回阀；6—水泵接合器；7—安全阀；
8—屋顶消火栓；9—高位水箱；10—至生活、生产
管网；11—贮水池；12—来自城市管网；13—浮球阀

火场供水，宜采用分区的消火栓灭火系统，如图 3-8 所示。

三、消防管道的设计

当室内消火栓超过 10 个，且室外消防用水量大于 15L/s 时，室内消防管网至少有两条进水管与室外管网相连接，并将室内管网连成环状或将进水管与室外管网连成环状。高层民用建筑室内消防管道应布置成环状，进水管不少于两条。当环状管网的一条进水管发生故障时，其余进水管应仍能通过全部设计流量。两条进水管宜从建筑物的不同侧引入。超过 6 层的塔层和通廊式住宅、超过 5 层或体积超过 10000m³ 的其他民用建筑，以及超过 4 层的厂房和库房，当室内消防竖管为两条或两条以上时，至少每两条竖管组成环状。高层工业建筑室内消防竖管应连成环状，且管道直径不小于 100mm。7～9 层的单元式住宅，室内消防给水管道可设计成枝状，设一条进水管。

室内消防给水管网应用阀门分隔成若干独立的管段，当某管段损坏或检修时，停止使用的消火栓在同一层中不超过 5 个，关闭的竖管不超过一条；当竖管为 4 条及 4 条以上时，可关闭不相邻的两条竖管。一般按管网节点的管

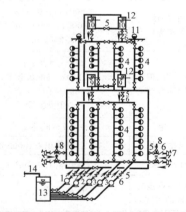

图 3-8　分区给水室内消火栓给水系统

1—生活、生产水泵；2—二区消防泵；3——区消防泵；4—启动按钮；5—阀门；6—止回阀；7—水泵接合器；8—安全阀；9——区水箱；10—二区水箱；11—屋顶消火栓；12—至生活、生产管网；13—水池；14—来自城市管网

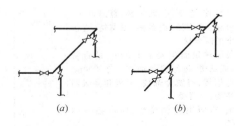

(a)　　　　　　　(b)

图 3-9　消防管网节点阀门布置

段数 $n-1$ 的原则设置阀门,如图 3-9 所示。

消防阀门平时应开启,并有明显的启闭标志。

四、消防用水量

室内消火栓灭火系统的用水量与建筑类型、大小、高度、结构、耐火等级和生产性质有关,其数值不应小于表 3-1、表 3-2 中的数值。

多层建筑室内消火栓用水量

表 3-1

建筑物名称	高度、层数、体积或座位数	消火栓设备用水量(L/s)	同时使用水枪数量(支)	每支水枪最小流量(L/s)	每根立管最小流量(L/s)
科研楼试验楼等	高度≤24m、体积≤10000m³ 高度≤24m、体积＞10000m³	10 15	2 3	5 5	10 10
厂　房	高度≤24m、体积≤10000m³ 高度≤24m、体积＞10000m³	5 10	2 2	2.5 5	5 10
库　房	高度≤24m、体积≤5000m³ 高度≤24m、体积＞5000m³	5 10	1 2	5 5	5 10
车站、码头、展览馆等	5001～25000m³ 250001～50000m³ ＞50000m³	10 15 20	2 3 4	5 5 5	10 10 15
商店、病房楼、教学楼等	5001～10000m³ 10001～25000m³ ＞25000m³	5 10 15	2 2 3	2.5 5 5	5 10 10
剧院、电影院、俱乐部、礼堂、体育馆等	801～1200 个 1201～5000 个 5001～10000 个 ＞10000 个	10 15 20 30	2 3 4 6	5 5 5 5	10 10 15 15
住　宅	7～9 层	5	2	2.5	5
其他民用建筑	≥6 层或体积＞10000m³	15	3	5	10
国家级文物	体积≤10000m³	20	4	5	10
保护单位和重点砖木、木结构的古建筑	体积＞10000m³	25	5	5	15

高层民用建筑室内消火栓给水系统用水量

表 3-2

建筑物名称	建筑高度(m)	消火栓消防用水量(L/s)		每根立管最小流量(L/s)	每支水枪最小流量(L/s)
		室外	室内		
普通住宅	≤50	15	10	10	5
	＞50	15	20	10	5
高级住宅、医院、教学楼、普通旅馆、办公楼、科研楼、档案楼、图书楼、省级以下的邮政楼	≤50	20	20	10	5
每层建筑面积大于 1000m² 的百货楼、展览楼、每层建筑面积大于 800m² 的电信楼、财贸金融楼、市级和县级的广播楼、电视楼 地、市级电力调度楼、防洪指挥调度楼	＞50	20	30	15	5

38

建筑物名称	建筑高度(m)	消火栓消防用水量(L/s)		每根立管最小流量(L/s)	每支水枪最小流量(L/s)
		室外	室内		
高级旅馆、重要的办公楼、科研楼、档案楼、图书楼、每层建筑面积大于1000m² 的百货楼、展览楼、综合楼,每层面积超过800m² 的电信楼、财贸金融楼	≤50	30	30	15	5
中央和省级的广播楼、电视楼 地区级和省级电力调度楼、防洪指挥楼	>50	30	40	15	5

消防用水与生活、生产用水统一的室内给水管网,当生活、生产用水达到最大用水量时,应仍能保证供应全部消防用水量。

室外消防用水量是供移动式消防车使用的水量。移动式消防车通过从室外消火栓或消防水池取水,直接扑灭火灾或通过水泵接合器向室内管网供水,能增强室内消防管道的供用建筑室外消火栓的用水量,见表3-3。室外消火栓的数量按室外消防用水量确定,每个室外消火栓的供水量应按10~15L/s计算。室外消火栓的保护半径不应超过150m,间距不应超过120m。室外消火栓应沿消防道路靠建筑物的一侧均匀布置,距路边不宜大于2m,距建筑物外墙不宜小于5m。

建筑物的室外消火栓用水量   表 3-3

耐火等级	建筑物名称及类别		建筑物体积(m³)					
			≤1500	1501~3000	3001~5000	5001~20000	20001~50000	>50000
			一次灭火用水量					
一、二级	厂房	甲、乙、丙、丁、戊	10 10 10	15 15 10	20 20 10	25 25 15	30 30 15	35 40 20
	库房	甲、乙、丙、丁、戊	15 15 10	15 15 10	25 25 10	25 25 15	— 35 15	— 45 20
	民用建筑		10	15	15	20	25	30
三级	厂房或库房	乙、丙	15	20	30	40	45	—
		丁、戊	10	10	15	20	25	35
	民用建筑		10	15	20	25	30	—
四级	丁、戊类厂房或库房		10	15	20	25	—	—
	民用建筑		10	15	20	25	—	—

注:1. 室外消火栓用水量应按消防需水量最大的一座建筑物或一个防火分区计算。成组布置的建筑物应按消防需水量较大的相邻两座计算。

2. 火车站、码头和机场的中转库房,其室外消火栓用水量应按相应耐火等级的丙类物品库房确定。

3. 国家级文物保护单位的重点砖木、木结构的建筑物室外消防用水量,按三级耐火等级民用建筑物消防用水量确定。

五、室内消火栓灭火系统的设备

(一) 消防水泵

室内消火栓灭火系统的消防水泵房，宜与其他水泵房合建，以便于管理。高层建筑的室内消防水泵房，宜设在建筑物的底层。独立设置的消防水泵房，其耐火等级不应低于二级。在建筑物内设置消防水泵房时，应采用耐火极限不低于2h的隔板和1.5h的楼板，与其他部位隔开，并应设甲级防火门。泵房应有自己的独立安全出口，出水管不少于两条并与室外管网相连接。每台消防水泵应设有独立的吸水管，分区供水的室内消防给水系统，每区的进水管亦不应少于两条。在水泵的出水管上应装设试验与检查用的出水阀门。水泵装置的工作方式应采用自灌式。固定式消防水泵应设有和主要泵性能相同的备用泵，设有备用泵的消防水泵房，应设置备用动力。若采用双电源有困难时，可采用内燃机作动力。

为了及时启动消防水泵，保证火场供水，高层工业建筑应在每个室内消火栓处设置直接启动消防水泵的按钮。消防水泵应保证在火警后5min内开始工作，自动启动的消防泵宜在1.5min内正常工作，并在火场断电时仍能正常运转。消防水泵与动力机械应直接连接。消防水泵房宜有与本单位消防队直接联络的通信设备。

（二）室内消防水箱

室内消防水箱的设置，应据室外管网的水压和水量来确定。设有能满足室内消防要求的常高压给水系统的建筑物，可不设消防水箱；设置临时高压和低压给水系统的建筑物，应设消防水箱或气压给水装置。消防水箱设在建筑物的最高部位，其高度应能保证室内最不利点消火栓所需水压。若确有困难时，应在每个室内消火栓处，设置直接启动消防水泵的设备，或在水箱的消防出水管上安设水流指示器，当水箱内的水一经流入消防管网，立即发出火警信号报警。此外，还可设置增压设施，其增压泵的出水量不应小于5L/s，增压设施的气压罐调节水量不应小于450L。

消防用水与其他用水合并的水箱，应有保证消防用水不作他用的技术措施。发生火灾后，由消防水泵供应的水不得进入消防水箱。消防水箱应储存10min的室内消防用水量。对于低层建筑物，当室内消防用水量不超过25L/s时，储水量最大为12m³；当室内消防用水量超过25L/s时，储水量最大为18m³。对于高层建筑物水箱的储水量，一类建筑（住宅除外）不应小于18m³；二类建筑（住宅除外）和一类建筑的住宅不应小于12m³；二类建筑的住宅不应小于6m³。高层建筑物并联给水的分区消防水箱，其消防储水量与高位消防水箱相同。

（三）水泵接合器

水泵接合器是消防车或机动泵往室内消防管网供水的连接口。超过4层的厂房和库房、高层工业建筑、设有消防管网的住宅及超过5层的其他民用建筑，其室内消防管网应设水泵接合器。采用分区给水的高层建筑物，每个分区的消防给水管网，应分别设置水泵接合器，高区亦可不设。水泵接合器适用于消火栓灭火系统和自动喷水灭火系统。

水泵接合器的设置数量，应按室内消防用水量确定。每个水泵接合器的流量，应按10~15L/s计算。当计算出来的水泵接合器数量少于两个时，仍应采用两个，以利安全。当建筑高度小于50m，每层面积小于500m²的普通住宅，在采用两个水泵接合器有困难时，也可采用一个。

水泵接合器其接出口直径有65mm和80mm两种。水泵接合器可安装成墙壁式、地上式、地下式三种类型。图3-10（c）为墙壁式水泵接合器，形似室内消火栓，可设在高层建筑物的外墙上，但与建筑物的门、窗、孔洞应保持一定的距离，一般不宜小于1.0m。

地上式水泵接合器（如图 3-10a 所示）形似地上式消火栓，可设在高层建筑物附近，便于消防人员接近和使用的地点。地下式水泵接合器（如图 3-10b 所示）形似地下式消火栓，可设在高层建筑物附近的专用井内，且井应设在消防人员便于接近和使用的地点，但不应设在车行道上。水泵接合器应有明显的标志，以免误认为是消火栓。

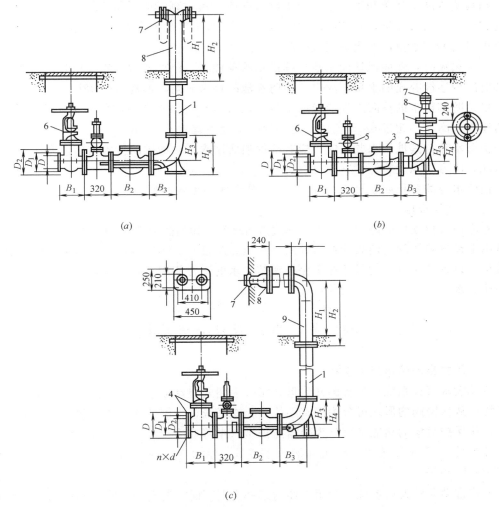

图 3-10　水泵接合器外形图

（a）地上式；（b）地下式；（c）墙壁式

1—法兰接管；2—弯管；3—升降式单向阀；4—放水阀；5—安全阀；
6—楔式闸阀；7—进水用消防接口；8—本体；9—法兰弯管

　　水泵接合器与室内管网连接处，应有阀门、止回阀、安全阀等。安全阀的定压一般可高出室内最不利点消火栓要求的压力 0.2～0.4MPa。

　　水泵接合器应设在便于消防车使用的地点，其周围 15～40m 范围内应设室外消火栓、消防水池，或有可靠的天然水源。

　　（四）消防水池

　　当生活、生产用水量达到最大时，市政给水管道、进水管或天然水源不能满足室内外消防用水量；市政给水管网为枝状或只有一条进水管，且室内外消防用水量之和大于25L/s时，应设消防水池。消防水池的容量应满足在火灾延续时间内，室内外消防用水总量的要求。

对于百货楼、展览楼、财贸金融楼、省级邮政楼、高级旅馆、重要的科研楼、图书馆、档案楼等高层建筑和甲、乙、丙类物口仓库，火灾延续时间按 3h 计；易燃、可燃材料的露天、半露天堆场，按 6h 计；居住区、工厂和丁、戊类仓库建筑，按 2h 计；自动喷水灭火设备的用水量，按火灾延续时间 1h 计。

发生火灾时，在能保证向水池连续供水的条件下，计算消防水池容积时，可减去火灾延续时间内连续补充的水量。火灾后消防水池的补水时间，不得超过 48h。

供消防车取水的消防水池应设取水口，取水口与被保护建筑物的距离不宜小于 15m，消防车吸水高度不超过 6m，消防水池的保护半径不宜大于 150m。

消防水池与其他用水共用时，应有确保消防用水不被他用的技术措施。寒冷地区的消防水池，应有防冻设施。

消防水池的容积如超过 1000m³ 时，应分设成两个或两格。

（五）减压设施

室内消火栓栓口的静水压力不应超过 0.8MPa，如超过时宜采用分区给水系统或在消防管网上设置减压阀。消火栓栓口处的出水压力超过 0.5MPa 时，应在消火栓栓口前设减压孔板。设置减压设施的目的在于保证消防贮水的正常使用。若出流量过大，将会迅速用完消防贮水。

第二节　自动喷水灭火系统

一、闭式自动喷水灭火系统

自动喷水灭火系统从喷头的开启形式可分为闭式自动喷水灭火系统和开式自动喷水灭火系统；从报警阀的形式可分为湿式系统、干式系统、干湿两用系统、预作用系统和雨淋系统；从保护对象的功能又可分为暴露防护型（水幕或冷却等）和控灭火型；从喷头形式又可分为传统型（普通型）喷头和洒水型喷头、大水滴型喷头和快速响应早期抑制型（ESFR）喷头等。

闭式自动喷水灭火系统是利用火场达到一定温度时，能自动地将喷头打开，扑灭和控制火势并发出火警信号的室内消防给水系统。它具有良好的灭火效果，火灾控制率达97％以上。闭式自动喷水灭火系统应布置在火灾危险性较大、起火蔓延快的场所；容易自燃而无人管理的仓库；对消防要求较高的建筑物或个别房间内，如等于或大于 50000 纱锭的棉纺厂开包、清花车间；面积超过 1500m² 的木器厂房；可燃、易燃物品的高架库房和高层库房（冷库除外）；超过 1500 个座位的剧院观众厅、舞台上部、化妆室、道具室、储藏室、贵宾室；超过 3000 个座位的体育馆、观众厅的吊顶上部、贵宾室、器材间、运动员休息室；每层面积超过 3000m² 或建筑面积超过面积超过 9000m² 的百货商场、展览大厅；设有空调系统的旅馆和综合办公楼内的走廊、办公室、餐厅、商店、库房和无楼层服务台的客房等。

闭式自动喷水灭火系统由闭式喷头、管网、报警阀门系统、探测器、加压装置等组成。发生火灾时,建筑物内温度升高,到达作用温度时闭式喷头自动打开喷水灭火;同时发出火警信号报警。

(一)闭式自动喷水灭火系统的类型

闭式自动喷水灭火系统,主要有以下四种类型:

1. 湿式自动喷水灭火系统

湿式自动喷水灭火系统,如图3-11所示。湿式自动喷水灭火系统管网中平时充满压力的水,发生火灾时,闭式喷头一经打开,即立即喷水灭火。这种系统适用于常年温度不低于4℃的房间。该系统结构简单,使用可靠,比较经济,因此应用广泛。

2. 干式自动喷水灭火系统

干式自动喷水灭火系统,如图3-12所示。干式自动喷水灭火系统内平时充有压缩空气,只在报警阀前的管道中充满有压力的水。发生火灾时闭式喷头打开,首先喷出压缩空气,配水管网内气压降低,利用压力差将干式报警阀打开,水流入配水管网,再从喷头流出,同时水流到达压力继电器令报警装置发出火警信号。在大型系统中,还可设置快开器,以加快打开报警阀的速度。干式系统适用于采暖期超过240天的不采暖房间内和温度在70℃以上的场所,其喷头宜向上设置。

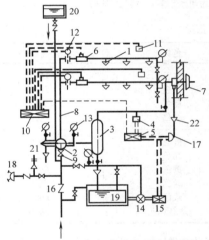

图3-11 湿式自动喷水灭火系统

1—闭式喷头;2—湿式报警阀;3—延迟器;4—压力继电器;5—电气自控箱;6—水流指示器;7—水力警铃;8—配水管;9—阀门;10—火灾收信机;11—感烟、感温火灾控测器;12—火灾报警装置;13—压力表;14—消防水泵;15—电动机;16—止回阀;17—按钮;18—水泵结合器;19—水池;20—高位水箱;21—安全阀;22—排水漏斗

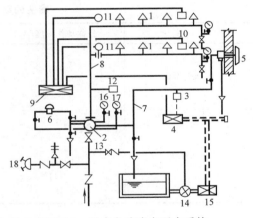

图3-12 干式自动喷水灭火系统

1—闭式喷头;2—干式报警阀;3—压力继电器;4—电气自控箱;5—水力警铃;6—快开器;7—信号管;8—配水管;9—火灾收信机;10—感烟、感温火灾控测器;11—报警装置;12—气压保持器;13—阀门;14—消防水泵;15—电动机;16—阀后压力表;17—阀前压力表;18—水泵结合器

3. 干湿式自动喷水灭火系统

干湿式自动喷水灭火系统适用于采暖期少于240天的不采暖房间。冬季管网中充满有压气体,而在温暖季节则改为充水,其喷头宜向上安装。

4. 预作用自动喷水灭火系统

预作用自动喷水灭火系统,喷水管网中平时不充水,而充以有压或无压的气体,发生火灾时，由火灾探测器接到信号后，自动启动预作用阀门而向配水管网冲水。当起火房间内温度继续升高，闭式喷头的闭锁装置脱落，喷头即自动喷水灭火。预作用系统一般适用于平时不允许有水渍损失的高级重要的建筑物内或干式喷水灭火系统适用的场所。

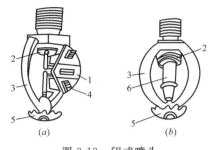

图 3-13 闭式喷头

（a）易熔合金闭式喷头；（b）玻璃瓶闭式喷头
1—易熔合金锁阀；2—阀片；3—喷头框架；
4—八角支撑；5—溅水盘；6—玻璃球

闭式喷头是闭式自动喷水灭火系统的重要设备，由喷水口、控制器和溅水盘三部分组成。其形状和式样较多，如图 3-13 所示。

闭式喷头是用耐腐蚀的铅质材料制造，喷水口平时被控制器所封闭。我国生产的增长式喷头口径为 12.7mm，其感温级别有普通级（72℃）、中温级（100℃）和高温级（141℃）三种。喷头的动作温度和色标，见表 3-4。在不同环境温度场所内设置喷头时，喷头公称动作温度应比环境最高温度高 30℃ 左右。喷头之间的水平距离应根据不同的火灾危险等级确定，见表 3-5。其布置形式，可采用正方形、长方形或菱形。喷头与吊顶、楼板、屋面板的距离不宜小于 7.5cm，也不宜大于 15cm，但楼板、屋面板如为耐火极限不低于 0.5h 的非燃体，其距离可为 30cm。

喷头的动作温度和色标 表 3-4

类　　别	公称动作温度（℃）	色标	接管直径（mm）
易熔合金喷头	57～77	本色	$Dg15$
	79～107	白色	$Dg15$
	121～149	蓝色	$Dg15$
	163～191	红色	$Dg15$
玻璃球喷头	57	橙色	$Dg15$
	68	红色	$Dg15$
	79	黄色	$Dg15$
	93	绿色	$Dg15$
	141	蓝色	$Dg15$
	182	紫红色	$Dg15$

不同火灾危险等级的喷头布置 表 3-5

建、构筑物危险等级分类		每只喷头最大保护面积（m²）	喷头最大水平间距（m）	喷头与墙柱最大间距（m）
严重危险级	生产建筑物	8.0	2.8	1.4
	贮存建筑物	5.4	2.3	1.1
中危险级		12.5	3.6	1.8
轻危险级		21.0	4.6	2.3

注：1. 表中是标准喷头的保护面积和间距。

2. 表间距是正方形布置时的喷头间距。

3. 喷头与墙壁的距离不宜小于 60cm。

在倾斜的屋面或吊顶下安装喷头时，喷头应与其顶板面垂直安装，其间距按水平投影距离计算。当屋面板坡度大于 1：3 时，如在屋脊处 75cm 距离范围内无喷头，则应在屋脊处增设一排喷头。当喷头溅水盘高于附近梁底标高时（见图 3-14），则喷头与梁边的距离不宜小于表 3-6 的规定。

在墙上门、窗、洞口设置喷头时，喷头距洞口上表面的墙面的距离，均不应超过 15cm。

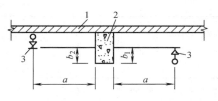
图 3-14　喷头与梁的距离
1—顶棚；2—梁；3—喷头

（二）管网的布置和敷设

供水干管应成环状，进水管不少于两条。环状管网供水干管，应设分隔阀门。当某一管段损坏或检修时，分隔阀所关闭的报警装置不得多于三个，分隔阀门应设在便于管理、维修和容易接近的地方。在报警阀前的供水管上，应设置阀门，其后面的配水管上下不得设置阀门和连接其他用水设备。自动喷水灭火系统报警阀以后的管道，应采用镀锌钢管或无缝钢管。湿式系统的管道，可用丝扣连接或焊接。对于干式、干湿式或预作用系统管道，宜用焊接方法连接。不同管径管道的连接，避免采用补心，而应采用异径管。在弯头上不得采用补心，在三通上至多用一个补心，四通上至多用两个补心。

喷头与梁边的距离　　　　　　　　　　　　　　　　表 3-6

喷头与喷边的距离 a(cm)	喷头向上安装 b_1(cm)	喷头向上安装 b_2(cm)	喷头与喷边的距离 a(cm)	喷头向上安装 b_1(cm)	喷头向上安装 b_2(cm)
20	1.7	4.0	120	13.5	46.0
40	3.4	10.0	140	20.0	46.0
60	5.1	20.0	160	26.5	46.0
80	6.8	30.0	180	34.0	46.0
100	9.0	41.5			

管道上吊架和支架的位置，以不妨碍喷头喷水效果为原则。一般吊架距喷头的距离应大于 0.3m，距末端喷头的间距应不小于 0.75m，对圆钢制的吊架，其间距可小至 0.075m。管道支架或吊架的间距，见表 3-7。一般在喷头之间的每段配水支管上至少应装一个吊架，但其间距小于 1.8m 时，允许每隔一段配置一个吊架，吊架的间距应不大于 3.6m。

支架或吊架的最大间距　　　　　　　　　　　　　　表 3-7

公称管径(mm)	15	20	25	32	40	50	70	80	100	125	150
间距(m)	2.5	3.0	3.5	4.0	4.5	5.0	5.5	6.0	7.0	7.5	8.0

（三）节流装置

有多层喷水管网时，如低层喷头的流量大于高层喷头的流量，造成不必要的浪费，则应采用减压孔板或节流管等技术措施，以均衡各层管段的流量。

（四）管道的最大负荷

每根配水支管或配水管的直径，均应不小于 25mm。每根配水支管设置的喷头数，对轻危险级或普通危险级的建筑物不应超过 8 个；对严重危险级的建筑物不应超过 6 个。闭式自动喷水灭火系统的每个报警阀控制的喷头数，应按所选的规格及供水压力计算确定，见表 3-8。

二、开式自动喷水灭火系统

开式自动喷水灭火系统，按其喷水形式的不同而分为雨淋灭火系统和水幕灭火系统，

一个报警阀控制的最多喷头数   表 3-8

系 统 类 型		危 险 级 别		
		轻危险级	普通危险级	严重危险级
		喷 头 数 量		
充水式喷水灭火系统		500	800	1000
充气式喷水灭火系统	有排气装置	250	500	500
	无排气装置	125	250	—

通常布设在火势猛烈、蔓延迅速的严重危险级建筑物和场所。

雨淋灭火系统用于扑灭大面积火灾。如火柴厂的氯酸钾压碾车间；建筑面积超过 60m² 或储存量超过 2t 的硝化棉、喷漆棉、火胶棉、赛璐珞胶片、硝化纤维库房；超过 1200 个座位的剧院和超过 2000 个座位的会堂舞台的葡萄架下部；建筑面积超过 400m² 的演播室，建筑面积超过 500m² 的电影摄影棚等。

水幕灭火系统用于阻火、隔火、冷却防火隔断物和局部灭火。如应设防火墙等隔断物而无法设置的开口部分；大型剧院、会堂、礼堂的舞台口；防火卷帘或防火幕的上部。

按照淋水传动管网的充水与否，开式自动喷水灭火系统又分为开式充水系统和开式空管系统。开式充水系统用于易燃易爆的特殊危险场所；开式空管系统则用于一般火灾危险场所。

开式自动喷水灭火系统由火灾探测自动控制传动系统、自动控制成组作用阀系统、带开式喷头的自动喷水灭火系统等三部分组成，系统管网可设计成枝状或环状，如图 3-15 所示。

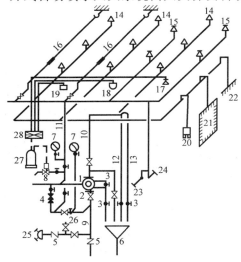

图 3-15 开式自动喷水灭火系统

1—成组作用阀；2—闸阀；3—截止阀；4—小孔阀；5—止回阀；6—排水斗；7—压力表；8—电磁阀；9—供水干管；10—配水立管；11—传动管网；12—溢流管；13—放气管；14—开式喷头；15—闭式喷头；16—易熔销封传动装置；17—感光探测器；18—感温探测器；19—感烟探测器；20—淋水器；21—淋水环；22—水幕；23—长柄手动开关；24—短柄手动开关；25—水泵接合器；26—安全阀；27—自控箱；28—报警装置

开式自动喷水灭火系统在平时传动管网中，充满了与供水管网压力相同的水。由于传动系统中的水压作用，成组作用阀紧紧地关闭着。火灾时，传动装置（或电磁阀）自动释放掉传动管网中的水，使传动管网中的压力突然下降。由于传动系统与供水管网相连通的小孔阀（d=3mm）还来不及向传动系统中补水增压，成组作用阀在供水管网的水压推动下自动打开，向雨淋喷水系统供水，扑灭火灾。

开式自动喷水灭火系统的火灾延续时间按 1h 计算，火灾初期 10min 消防用水量可来自消防水箱、水塔或贮水池。若室外管网的流量和水压均能满足室内最不利点消防用水量和水压要求时，可不设消防水箱、水池等贮水设备。

室外给水管网、贮水池、水塔等，均

可作为开式自动喷水灭火系统的消防水源。

三、消防炮

在应设置室内消火栓或自动喷水灭火系统的场所，如果因构筑物高度、建筑结构整体性或火灾扑救的难度等综合原因而无法设置室内消火栓或自动喷水灭火系统时，可使用消防炮代替。

消防炮目前有水炮、泡沫炮和干粉炮三种基本类型。

民用建筑室内代替自动喷水灭火系统的消防炮应选用自动（数控）消防炮，其他场所可采用远控消防炮和人工手动消防炮（带架水枪）。

自动（数控）消防炮系统由电动消防炮和控制器两部分组成，有手动和自动两种工作方式。

利用消防炮扑救室内火灾时，火灾延续时间不应小于 1.0h。

第四章　室内给水排水施工图

室内给水排水施工图是工程项目中单位工程的组成部分之一。它是基本建设概预算中施工图预算和组织施工的主要依据文件，也是国家确定和控制基本建设投资的重要依据材料。

一、施工图的内容

建筑给水排水施工图表示一幢建筑物的给水、排水系统，由设计说明、平面图、系统轴测图、详图和设备及材料明细表组成。

（一）设计说明

设计图纸上用图或符号表达不清楚的问题，需要用文字加以说明。主要内容有：采用的管材及接口方式；管道的防腐、防冻、防结露的方法，卫生器具的类型及安装方式；所采用的标准图号及名称，施工注意事项；施工验收应达到的质量要求；系统的管道水压试验要求以及有关图例等。

一般中、小型工程的设计说明直接写在图纸上，工程较大、内容较多时则要用专页编写，如果有水泵、水箱等设备，还应写明其型号、规格及运行管理要点等。

（二）平面图

室内给水排水平面图是给水排水施工图的重要部分。平面图的比例与建筑平面施工图相同，常采用1：100的比例，如果图形比较复杂，则可用1：50的比例。

平面图包括以下内容：

（1）房间的名称、编号、卫生器具用水设备的类型、位置；

（2）各立管、水平横管及支管的各层平面位置；

（3）管径尺寸、各立管编号及管道的安装方式；

（4）各种管道部件的平面位置；

（5）给水引入管和污水排出管的管径、平面位置以及与室外给水排水管网的连接方式。

建筑给水排水施工图的平面图中的房屋平面图，是描绘复制土建施工图中房屋建筑平面图的有关部分，在图上要标明建筑物外墙主要的纵向和横向轴线及其编号，当建筑物内的给水排水卫生设备比较集中时，可只画出其有关的部分建筑平面，其余部分可以不画，画出部分要注明建筑轴线。给水管道用粗实线表示，排水管道用粗虚线表示；管道系统的立管在平面图中用小圆圈表示；闸阀、水表、清扫口等均用图例表示，给水立管和排水立管按顺序编号，并与系统图相对应。

（三）系统轴测图

系统轴测图亦称系统图，分为给水系统图和排水系统图。它们是根据各层平面图中用水设备、管道的平面布置及竖向标高用斜轴测投影绘制而成的，它应包括以下内容：

（1）给水系统和排水系统上下各层之间、左右前后之间的空间关系；

(2) 各管径尺寸、立管编号、管道标高及坡度；

(3) 给水系统图表明给水阀门、龙头等，排水系统表明存水弯、地漏、清扫口、检查口等管道附件的位置；

(4) 底层和各楼层地面的相对标高，给水、排水系统图应分别绘制，其比例与平面图相同。系统图上给排水立管和进、出户管的编号应与平面图一一对应。

（四）详图

当某些设备的构造或管道之间的连接情况在平面图或系统图上表示不清楚又无法用文字说明时，将这些部位进行放大的图称作详图，详图表示某些给水排水设备及管道节点的详细构造及安装要求。常用比例为 1：10～1：50。

有些详图可直接查阅有关标准图集或室内给水排水设计手册等。

（五）设备及材料明细表

除了上述设计说明、给水排水平面图、系统图和详图之外，为了使施工准备的材料和设备符合图纸要求，还应编制一个设备及材料明细表，包括：编号、名称、型号规格、单价、数量、重量及备注等项目。施工图中涉及的设备、管材、阀门、仪表等均列入表中，以便施工备料。

施工图中选定的设备对生产厂家有明确要求时，应将生产厂家的厂名写在明细表的备注里。

二、识图时应注意的问题

(1) 首先弄清图纸中的方向和该建筑在总平面图上的位置。

(2) 看图时先看设计说明，明确设计要求。

(3) 给水排水施工图所表示的设备和管道一般采用统一的图例，在识读图纸前应查阅和掌握有关的图例，了解图例代表的内容。

(4) 给水排水管道纵横交叉，平面图难以表明它们的空间走向。一般采用系统图表明各层管道的空间关系及走向，识读时应将系统图和平面图对照着读，以了解系统全貌。

(5) 给水系统可以从管道进户起顺着管道的水流方向，经干管、主管、横管、支管到用水设备，将平面图和系统图对应着一一读遍，弄清管道的方向，分支位置，各段管道的管径、标高、坡度、走向、管道上的闸阀及配水龙头的位置和种类，管道的材质等。

(6) 排水系统可从卫生器具开始，沿水流方向，经支管、横管、立管，一直看到排出管前。弄清管道的方向，管道汇合位置，各管段的管径、标高、坡度、坡向、检查口、清扫口、地漏的位置，风帽的形式等。同时注意图纸上表示的管路系统，有无排列过于紧密，用标准管件无法连接的情况等。

(7) 结合平面图、系统图及说明看详图，了解卫生器具的类型、安装形式、设备规格型号、配管形式等，搞清系统的详细构造及施工的具体要求。

(8) 读图纸中应注意预留孔洞、预埋件、管沟等的位置及对土建的要求，还须查看有关的土建施工图纸，以便施工中加以配合。

图 4-1 为某住宅楼给水排水平面图与系统图实例。

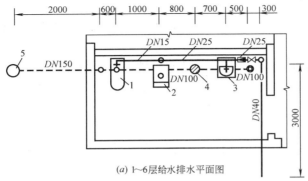

(a) 1~6层给水排水平面图

1—浴盆；2—蹲式大便器；3—洗脸盆；4—地漏；5—检查井

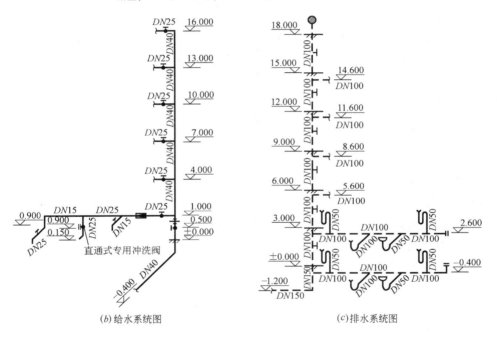

(b) 给水系统图　　　　　　　　　　(c) 排水系统图

图 4-1　某住宅楼给水排水平面图、给水系统图与排水系统图

第五章 室 内 采 暖

第一节 采暖系统的组成与分类

建筑物内部的采暖系统是指根据热平衡原理，在冬季以一定的方式向房间补充热量，以维持人们日常生活、工作和生产活动所需要的环境温度，以创造适宜的生活和工作环境。从开始采暖到结束采暖期间称为采暖期。

一、采暖系统的基本组成

采暖系统由热源、管道系统和散热设备三部分组成。图 5-1 为集中采暖系统示意图。

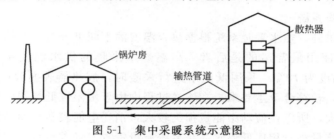

图 5-1 集中采暖系统示意图

（一）热源

热源是指使燃料（如煤、天然气、重油、轻油、液化气等）产生热能并将热媒加热的部分，如锅炉。

（二）管道系统

采暖管道系统是指热源和散热设备之间的管道。它负责将热能从热源通过热媒输送到散热设备。

（三）散热设备

散热设备是将热量散入室内的设备。如散热器、地面辐射板等。

二、采暖系统的分类

按照不同的分类方法可将采暖系统分为如下种类：

（一）根据采暖系统的作用范围分

（1）局部采暖系统。热源、管道系统和散热设备在构造上联成一个整体的采暖系统称为局部采暖系统。例如火炉、火墙、火炕、电热采暖和燃气采暖等。

（2）集中采暖系统。锅炉在单独的锅炉房内，热煤通过管道系统送至一幢或几幢建筑物的采暖系统，称为集中采暖系统。

（3）区域采暖系统。由一个锅炉房供给一定区域许多建筑物采暖、生产和生活用热的采暖系统。称为区域采暖系统或区域供热系统。

本章将主要介绍集中采暖系统。

（二）根据采暖的热媒分

（1）热水采暖系统。以热水为热媒，把热量带给散热设备的采暖系统，称为热水采暖系统。

热水采暖系统的供水温度一般为95℃，回水为70℃，称为低温热水采暖系统。供水温度高于100℃的称为高温热水采暖系统。

（2）蒸汽采暖系统。以蒸汽为热媒，把热量带给散热设备的采暖系统，称为蒸汽采暖系统。

蒸汽相对压力小于70kPa的称为低压蒸汽采暖系统；蒸汽相对压力为70～300kPa的，称为高压蒸汽采暖系统。

（3）热风采暖系统。用热空气把热量直接送到房间的采暖系统，称为热风采暖系统。

本章将介绍热水采暖系统和蒸汽采暖系统，并以热水采暖系统为主。

第二节　采暖系统的工作原理及形式

一、热水采暖系统

在上一节中讲到，热水采暖系统根据热媒温度的不同可分为高温热水和低温热水采暖系统两种，目前使用最普遍的是后者。高温热水采暖的供水温度可为110℃、130℃、150℃等，回水温度为70℃。采用低温水进行采暖时，散热器表面温度较低，散热均衡，无忽冷忽热现象，较符合卫生要求，在输送过程中由于水温较低热损失较小，但水的温差较小循环流量较大，所以在流动中能量损失较大，消耗电能较多。而高温热水采暖系统由于温差大，循环流量小，相比低温水采暖系统有投资省、经常运行费用小的优点，但它的设备、运行技术要求比较高，这里我们主要介绍目前普遍采用的低温热水采暖。

热水采暖系统按照水循环的动力不同可分为自然循环热水采暖系统和机械循环热水采暖系统两种。

（一）自然循环热水采暖系统

自然循环热水采暖系统又称为重力循环热水采暖系统，是依靠水温不同而形成的密度差，来推动水在系统中循环的。因为在系统中没有外加动力，所以称为自然循环。下面以图5-2来说明这种系统的工作原理。

如图5-2所示，自然循环热水采暖系统由锅炉、散热器和膨胀水箱组成，它们由供水管道（图中实线所示）和回水管道（图中虚线所示）连接在一起。膨胀水箱设在系统最高处以容纳水受热膨胀而增加的体积，还兼有排气作用。

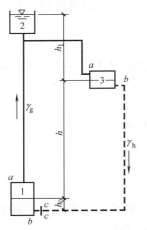

图5-2　自然循环热水采暖系统工作原理图

1—锅炉；2—膨胀水箱；3—散热器

运行前系统充满冷水，水是静止不动的。运行时水在锅炉中被加热后，供水温度升高，密度减小，较轻；水在散热器与管道中被冷却，回水温度低、密度大，较重。由于供回水密度差的存在，便产生了一个由下向上的推动力，用以克服流动阻力，使热水从锅炉流出，沿供水管流动进入散热器，散热后冷却了的水经回水管，在下部流回锅炉，继续加热。这样，水被不断的加热，又不断地被冷却，连续不断的在系统内流动。这种水的循环就称为自然循环或重力循环。这种靠供回水密度差产生循环压力维持循环流动的系统称为自然循环系统。造成水在系统中循环流动的压力称为作用压力。

值得指出的是，在供、回水温度差一定（即供、回水密度差一定）的情况下，必须保证散热器中心与锅炉中心具有一定的高度差。由于技术上的问题，在自然循环热水采暖系统中，供回水温度只能是 95～70℃，因此，要增加作用压力也只能靠增大锅炉中心与散热器中心的高差 h，这个高差越大，水循环得就越好，所以，这种系统的锅炉常设在地下室中。

此外，为了保证系统正常工作，必须使系统内的空气顺利排出。为此，系统的供水干管必须有向膨胀水箱方向上升的坡向，回水干管也要有向锅炉方向下降的坡向，其坡度均为 0.5%～1%，以保证水顺利排回锅炉。

自然循环热水采暖系统具有系统构造简单，维护管理方便，无需消耗电能的优点。但由于作用压力小，管径需要相对大些，其作用半径受到限制，目前在集中式采暖中很少采用，但在一些偏远地区或独立的建筑物中，只要设计合理、安装得当，还是十分适用的。

（二）机械循环热水采暖系统

对于管路较长，建筑面积和热负荷都较大的建筑物，则要采用机械循环热水采暖系统。

如图 5-3 所示，机械循环热水采暖系统中，除了锅炉、散热器、膨胀水箱和供回水管路外，还设有循环水泵、除污器、集气罐等。

循环水泵是系统内热媒流动的动力，靠水泵的压力克服水在系统中的流动阻力，通

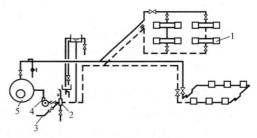

图 5-3　机械循环热水采暖系统
1—散热器；2—除污器；3—补水管；
4—循环水泵；5—锅炉

常使用的是电动离心水泵。除污器设于循环水泵前，水在循环时将系统中的污垢、杂质带入除污器，由此集中排除，以防进入水泵和锅炉。机械循环系统由于循环水量大，管道位置常高于散热器，所以单靠散热器上的冷风门排除空气是不够的。因而在系统中凡可能积存空气的最高点都装有集气罐，可以集中排气。系统运行出口一般接于循环水泵的入口处。在用户的进出口干管上均设有控制阀门，检修时可切断用户与管网的联系。此外，为了保证系统的安全运行，在管路中还装有止回阀、压力表、温度计等。

机械循环的主要优点是供暖范围大，系统中水的流速较自然循环系统的大，因而管径相对要小，而且锅炉房的位置设置比较灵活。缺点是投资较高，消耗电能，运行管理较复杂。这种系统是目前热水采暖系统的主要形式。

民用建筑采暖应采用热水作热媒，即采用热水采暖系统。

二、蒸汽采暖系统

水变成水蒸气的过程称为汽化。反之，蒸汽变为水的过程叫做凝结。在汽化和凝结过程中，伴随着吸热和放热。蒸汽采暖就是利用水在汽化或凝结时有大量热量吸入和放出这一特性实现的。

以水蒸气作为热媒的采暖系统，称为蒸汽采暖系统。蒸汽采暖的原理如图 5-4 所示。

水在蒸汽锅炉里被加热而形成具有一定压力和温度的水蒸气，水蒸气靠自身压力通过管道流入散热器，在散热器内放出热量，并经过散热器壁面传给房间；蒸汽则由于放出热量而凝结成水，经疏水器（起隔汽作用）然后沿凝结水管道返回热源的凝结水水箱内，经凝结水泵注入锅炉再次被加热变为水蒸气，如此连续不断地工作。

在蒸汽采暖系统中，按蒸汽压力的高低，分为低压蒸汽系统和高压蒸汽系统两类。

（一）低压蒸汽采暖系统

低压蒸汽采暖系统是指蒸汽相对压力为 70kPa 以下的蒸汽采暖系统，图 5-5 为低压蒸汽采暖系统。主要由蒸汽锅炉、蒸汽管道、散热器、疏水器、凝结水管、凝结水箱、凝结水泵等组成。

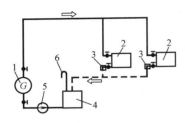

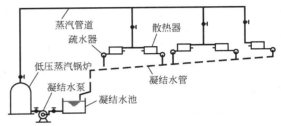

图 5-4　蒸汽采暖系统原理图
1—蒸汽锅炉；2—散热器；3—疏水器；
4—凝结水箱；5—凝水泵；6—空气管

图 5-5　低压蒸汽采暖系统

为使凝结水可以顺利地流回凝结水箱，凝结水箱应设在低处。同时，为了保证凝结水泵正常工作，避免水泵吸入口处压力过低使凝结水汽化，凝结水箱的位置应高于水泵。

为了防止水泵停止工作时，水从锅炉倒流入凝结水箱，在锅炉和凝结水泵间应设止回阀。

要使蒸汽采暖系统正常工作，必须将系统内的空气及凝结水顺利、及时地排出，还要阻止蒸汽从凝结水管窜回锅炉，疏水器的作用就是阻汽疏水。

蒸汽在输送过程中，也会逐渐冷却而产生部分凝结水，为将它顺利排出，蒸汽干管应有沿流向下降的坡度。凡蒸汽管路抬头处，应设相应的疏水装置，及时排除凝结水。

为了减少设备投资，在设计中多是在每根凝水立管下部装一个疏水器，以代替每个凝水支管上的疏水器。这样可保证凝水干管中无蒸汽流入，但凝水立管中会有蒸汽。

当系统调节不良时，空气会被堵在某些蒸汽压力过低的散热器内，这样蒸汽就不能充满整个散热器而影响放热。最好在每一个散热器上安装自动排气阀，随时排净散热器内的空气。

（二）高压蒸汽采暖系统

高压蒸汽采暖系统的热媒为相对压力大于 70kPa 的蒸汽。

如图 5-6 所示，高压蒸汽采暖系统由蒸汽锅炉、蒸汽管道、减压阀、散热器、凝结水管道、疏水器、凝结水池和凝结水泵等组成。

由于高压蒸汽的压力及温度均较高，因此在热负荷相同的情况下，高压蒸汽采暖系统的管径和散热器片数都少于低压蒸汽采暖系统。这就显示了高压蒸汽供暖有较好的经济性。高压蒸汽供暖系统的缺点是卫生条件差，并容易烫伤人。因此这种系统一般只在工业厂房中应用。

三、热风采暖系统

热风采暖系统热媒宜采用供水温度大于等于 90℃ 的热水。

热风采暖系统适用于以下场合：

（1）耗热量大的高大空间建筑；

（2）卫生要求高并需要大量新鲜空气或全新风的房间；

（3）能与机械送风系统合并时；

（4）利用循环空气采暖经济合理时。

四、采暖系统的基本形式

采暖系统的形式，不论是热水采暖系统还是蒸汽采暖系统，其形式是比较多的，按系统中每组散热器有无独立的供、回水支管可分为双管系统和单管系统；按

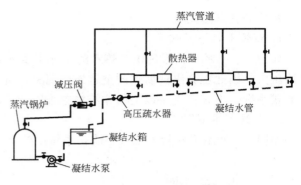

图 5-6　高压蒸汽采暖系统

连接各散热器支管的支管路的位置可分为水平式和垂直式；按供、回水干管在系统中的位置分，供水有上分式、中分式、下分式；回水有下回式、上回式。实际上采暖系统的形式是上述各种形式的组合。

（一）自然循环热水采暖系统

主要有单管和双管两类。如图 5-7 所示，图中（a）为双管上供下回式系统，（b）为单管上供下回式系统。

1. 双管上供下回式系统

又称为双管上分式，这种系统较单管系统需要更多的管材，但由于各层散热器都通过支管并联在立管上，每组散热器自成一独立的循环环路，所以可在供水支管上安装阀门，各组散热器可独立调节。但由于各楼层到锅炉的垂直距离不同，故对各层散热器的作用压力也不同，上层大下层小，因此往往造成上层过热下层过冷的所谓垂直失调现象。所以这种系统多用于

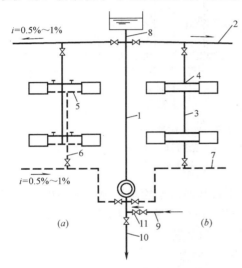

图 5-7　自然循环热水采暖系统图示

（a）双管上供下回式系统；（b）单管上供下回式系统

1—总立管；2—供水干管；3—供水立管；
4—散热器供水支管；5—散热器回水支管；
6—回水立管；7—回水干管；8—膨胀水箱
连接管；9—充水管；10—泄水管；11—止回阀

不超过 4 层的建筑物中。

2. 单管上供下回式系统

又称为单管上分式。即热水自上而下顺序地流入各层散热器，水温逐层降低。该系统支管上不可装设阀门，所以散热器不能进行个别调节。因此又产生了跨越式，如图 5-8 中的右侧。立管来的热水一部分通过支管流入散热器，另一部分流入跨越管，与回水支管的回水汇合流向下层。跨越式虽可进行局部调节，但由于进入散热器的水量减少，使散热面积要相应增加。单管式比双管式系统简单，省管材，安装方便，造价较低，上下层之间冷热不均现象较少。

（二）机械循环热水采暖系统

常用的几种形式有：

1. 双管上供下回式

如图 5-8 所示，在系统中，热水的循环主要依靠水泵的作用压力，同时也存在着自然作用压力，因此也会出现前述的垂直失调现象，所以，与自然循环相同，机械循环的双管上分式系统也不宜在 4 层以上的建筑物中采用。

2. 双管下供下回式

如图 5-9 所示为双管下分式系统，系统中的空气靠上层散热器上的冷风阀放出。

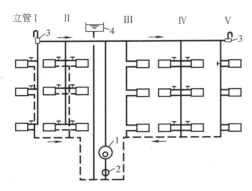

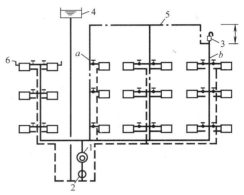

图 5-8　机械循环双管上供下回式热水采暖系统
1—热水锅炉；2—循环水泵；3—集气装置；4—膨胀水箱

图 5-9　机械循环双管下供下回式热水采暖系统
1—热水锅炉；2—循环水泵；3—集气罐；
4—膨胀水箱；5—空气管；6—冷风阀

与上分式系统相比较，下分式系统由于供水干管和回水干管均敷设在地沟中，管道保温，热损失小；立管短，省管材；可以土建施工进度进行安装，冬期施工可以逐层采暖；但下分式系统排除空气比较麻烦，需要设置专门的排气装置。

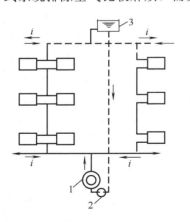

图 5-10　机械循环下供上回式热水采暖系统
1—热水锅炉；2—循环水泵；3—膨胀水箱

3. 下供上回式

机械循环下供上回式热水供应系统，如图 5-10 所示。系统的供水干管设在下部，回水干管设在上部，立管常采用单管顺流式。这种系统具有以下特点：

（1）水的流向与空气流向一致，都是由下而上。上部设有膨胀水箱，排气方便，可取消集气罐，同时还可提高水流速，减小管径。

（2）散热器内热媒的平均温度几乎等于散热器的出水温度，传热效果低于上供下回式；在相同的立管供水温度下，散热器的面积要增加。

4. 分区式系统

高层建筑存在着由于静水压力过大，底部散热器因承压过大而破裂，以及容易发生垂直方向的水力失调现象等问题，凡是高度超过 50m 的建筑宜分区设置采暖系统。如图 5-

11 所示。采暖系统最低点散热器工作压力不得大于 0.8MPa，立管管径一般应控制在 DN25 以内。

5. 异程式和同程式热水采暖系统

按热媒在每个循环环路中的流程（环路）是否相等，我们还可以将热水采暖系统分为异程式和同程式两种，显然，各个循环环路热水流程基本相同的采暖系统，称为同程式系统，否则为异程式系统。由流体力学可知，管道对流体产生的阻力与流体流经管道的长度成正比，管道长度越长，流体的阻力就越大。因此，如果各循环环路长度相差很大，就容易造成近热远冷的所谓水平失调现象，即环路短的阻力小，流量大，散热多，房间热；环路长的阻力大，流量小，散热少，房间冷。

我们前面所介绍的几种采暖形式均为异程式系统，如图 5-12 所示为同程式系统。显然，同程式系统在管材消耗上以及安装的工程量上都较异程式系统要大，但是对系统的水力平衡和热稳定性都带来了很大好处，特别是对较大的建筑物，都应尽量采用同程式系统。

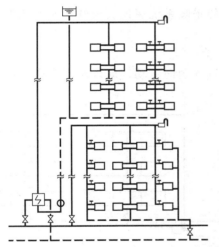

图 5-11　按层分区单管热水采暖系统

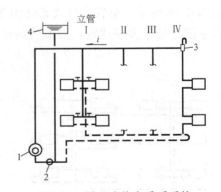

图 5-12　同程式热水采暖系统

1—热水锅炉；2—循环水泵；3—集气装置；4—膨胀水箱

（三）蒸汽采暖系统图式

1. 双管上分式

图 5-13 为双管上分式蒸汽采暖系统。蒸汽管与凝结水管完全分开，每组散热器可以单独调节。蒸汽干管设在顶层房间的屋顶下，通过蒸汽立管分别向下进汽，回水干管敷设在底层房间的地面上或地沟里。疏水器可以每组散热器或每个环路设 1 个。疏水器数量多效果好，是节约能源的一个措施，但是初投资、维修工作量也大。

双管上分式系统是蒸汽采暖中使用最多的一种形式，采暖效果好，可用于多层建筑，但是费钢材，施工麻烦。

2. 双管下分式

当采用上分式系统蒸汽管不好布置时，也可以采用下分式双管系统，如图 5-14 所示。它与上分式系统所不同的是蒸汽干管布置在所有散热器之下，蒸汽通过立管由下向上送入散热器。当蒸汽沿着立管向上输送时，沿途产生的凝结水由于重力作用向下流动，与蒸汽流动的方向正好相反。由于蒸汽的运动速度较大，会携带许多水滴向上运动，并撞击在弯头、阀门等部件上，产生振动和噪声，这就是常说的水击现象。

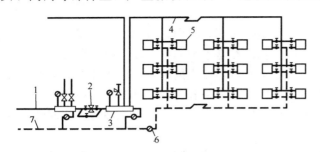

图 5-13　双管上分式蒸汽采暖系统

1—室外蒸汽干管；2—减压阀；3—分汽缸；4—室内
蒸汽干管；5—散热器；6—疏水器；7—回水干管

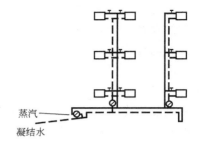

图 5-14　双管下分式蒸汽采暖系统

3. 双管中分式

双管中分式系统如图 5-15 所示。当多层建筑的采暖系统在顶层顶棚下面不能敷设干管时采用。

4. 单管上分式

如图 5-16 所示。单管上分式系统由于立管中汽水同向流动，运行时不会产生水击现象，该系统适用于多层建筑，可节约钢材。

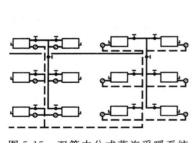

图 5-15　双管中分式蒸汽采暖系统

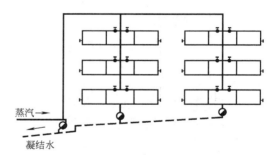

图 5-16　单管上分式蒸汽采暖系统

第三节　散热器及采暖系统主要辅助设备

一、散热器

散热器是以对流和辐射两种方式向室内散热的设备。散热器应有较高的传热系数，有足够的机械强度，能承受一定压力，耗金属材料少、制造工艺简单，同时表面应光滑，易清扫，不易积灰，占地面积小，安装方便，美观，耐腐蚀，使用寿命长。

散热器按制造材质分为铸铁、钢制和其他材质（如铝等）；按结构形式分为管型、翼型、柱型、平板型等；按传热形式分为对流型（对流换热占 60% 以上）和辐射型（辐射换热占 60% 以上）。

目前，我国常用的散热器有以下几种：

（一）铸铁散热器

铸铁散热器是用铸铁浇铸而成。它具有结构简单、耐腐蚀、使用寿命长、造价较低等优点，长期以来被广泛应用。但其承压能力低，金属耗量大，安装和运输劳动繁重。

铸铁散热器有翼型和柱型两种。

1. 翼型散热器

翼型散热器分圆翼和长翼两种。

长翼型散热器（如图 5-17）是一个在外壳上带有许多竖向肋片的中空壳体。在壳体侧面的上、下端各有一个带丝扣的穿孔，供热媒进出，并可借正反螺栓把单个散热器组合起来。长翼型散热器有两种规格，由于其高度均为 600mm，所以习惯上称这种散热器为"大 60"及"小 60"。"大 60"的长度为 280mm，带有 14 个肋片；"小 60"的长度为 200mm，带有 10 个肋片，除此之外，其他尺寸完全相同。

圆翼型散热器是一根外面带有圆翼片的圆管，两端带有法兰，可以用螺栓将若干个圆翼散热器拼装成组。这种散热器在民用建筑中应用不多。

翼型散热器的主要优点是，结构简单，易于加工制造，耐腐蚀，造价较低。缺点是承压能力低（圆翼型承压小于 300kPa，长翼型小于 200kPa），易积灰，难清扫，外形也不美观。此外，这种散热器的单根散热面积大，不易恰好组成所需要的面积。由于片数计算的取整进节，往往会造成散热器面积过大的弊病。翼型散热器多应用于一般民用建筑和无大量厂房的工业建筑中。

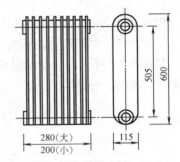

图 5-17　长翼型散热器

2. 柱型散热器

柱型散热器是呈柱状的单片散热器、外表光滑无肋片、每片各有几个中空的立柱相互连通，在散热器的顶部和底部备有一对带丝扣的孔供热媒进出，可根据需要借正、反螺栓把单个散热片组合起来。

我国常用的柱型散热器有 M-132、二柱 700 型、四柱 813、640 型等，如图 5-18 所示。

M-132 型散热器是以宽度为 132mm 得名，两边为柱状。中间有波浪形的纵向肋片。

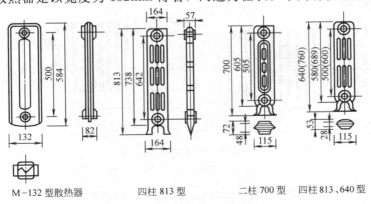

M-132 型散热器　　四柱 813 型　　二柱 700 型　四柱 813、640 型

图 5-18　铸铁柱型散热器

四柱散热器的型号按高度表示，如四柱813型高度为813mm。该型号的散热器有带足和不带足两种，组对时可将带足的作为端片，不带足的作为中间片，组对在一起后，直接放在地板上。

柱型散热器与翼型散热器比较，传热系数高，外形美观，易清除积灰，被广泛应用于住宅和公共建筑中。其主要缺点是制造工艺复杂，组对接口较多。

在上述散热器中，除了柱式散热器可以做落地或墙挂式安装外，其余形式只能做成墙挂式安装。

（二）钢制散热器

钢制散热器按其结构形式分为柱式、扁管式、板式和钢串片式等。

1. 光面管（排管）散热器

如图5-19所示，这是最早应用的散热器。该散热器由钢管焊接而成。有A型（蒸汽）和B型（热水）两种。

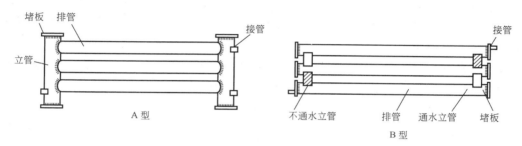

图5-19　光面管散热器

该散热器的优点是传热系数大、表面光滑不易积尘、便于清扫、承压能力高、可现场制作并能随意组成所需的散热面积，缺点是钢材耗量大、造价高、占地面积大、难以布置、外观差、易锈蚀。光面管散热器多用于粉尘较多的车间及临时性采暖设施。

2. 钢串片式散热器

钢串片式散热器是由在联箱连通的两极平行钢管外套上许多长方形的薄钢片构成的。如图5-20所示。这样大大增加了散热面积，外侧还可以加罩子，以增大对流换热。其长度有400、600、800、1000、1200、1400（mm）多种规格，管接头有15mm、20mm两种，采用螺纹连接。

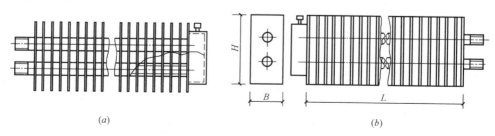

图5-20　钢串片式散热器

（a）直片式；（b）闭式

这种钢串片散热器的串片采用0.5mm的薄钢片，运输安装时易损坏，串片也容易伤人，于是出现了经过改进的闭式钢串片散热器，增强了对流散热的能力，同时也不需配置密闭对流罩，造价显著降低，散热器的强度和安全性也得到了改善，所以目前多使用的是闭式的。

钢串片散热器的优点是重量轻、体积小、占地少、承压高、制造工艺简单，缺点是造价高、耗费钢材较多、水容量小、易积灰尘。

钢串片式散热器适用于承受压力较高的高温水或蒸汽采暖系统以及高层建筑采暖系统。

3. 板式散热器

钢制板式散热器是由 1.2mm 或 1.5mm 厚的冷轧钢板冲压成型。由面板、背板、对流片、进出口接头等部分组成，其流通断面呈圆弧形或梯形。如图 5-21 所示。

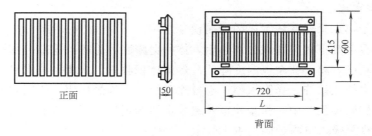

图 5-21　钢制板式散热器示意图

常用的钢制板式散热器的高度为 600mm，长度为 800～1800mm 等。

钢制板式散热器的优点是传热系数大、美观、重量轻、安装方便；缺点是容纳热媒量小、不耐腐蚀、使用寿命短、价格较贵。钢制板式散热器适用于民用住宅的热水采暖系统。

4. 钢制柱式散热器

钢制柱式散热器的构造跟铸铁柱型散热器相似。但它是采用 1.5～2mm 厚的普通冷轧钢板经过冲压加工焊接而成。外形尺寸（高×宽）有 600mm×120mm、600mm×140mm、600mm×130m、640mm×120mm 等几种。

柱式钢制散热器的传热系数远高于钢串片和板式散热器，但制造工艺比较复杂。

钢制散热器与铸铁散热器相比，具有如下一些特点：金属耗量少，耐压强度高，散热器内水容量少，热稳定性差些，除不加罩的钢串片外，钢制散热器外形美观整洁。主要缺点是容易受到腐蚀，使用寿命比铸铁散热器短，不适宜用于蒸汽供暖系统和潮湿及有腐蚀性气体的场所。

（三）其他材质散热器

除上述常用的铸铁及钢制散热器外，陶瓷、混凝土板等非金属散热器也曾在我国使用过，但由于各种原因已很少采用，欧洲一些国家已生产和应用铝制散热器，我国有的厂家，也在开始生产这种散热器。德国、法国还研制了一种塑料散热器已投入使用。开发和研制非金属散热器，对于节约金属，开辟制造散热器材料的新来源具有深远意义。

二、散热器选型

散热器的选用应从实际出发，本着经济、适用、耐久、美观的原则来选择合适的种类。

（1）散热器应满足采暖系统工作压力要求，且应符合现行国家或行业标准。

（2）在开式采暖系统中不应采用钢制散热器（包括钢制柱式、板式、扁管散热器）。

（3）在设置分户计量装置和设置散热器温控阀的采暖系统中，当采用铸铁散热器时，散热器内腔应清洁，无残砂。

（4）铝制散热器内表面应进行防腐处理，且采暖水的 pH 不应大于 10。水质较硬地区不宜使用铝制散热器。

（5）采用铝制散热器、铜铝复合型散热器时，应采取措施防止散热器接口电化学腐蚀。

（6）环境湿度高的房间（如浴室、游泳馆）不应采用钢制散热器。

三、热水采暖系统主要辅助设备

（一）膨胀水箱

膨胀水箱是热水采暖系统重要的附属设备之一。

在热水采暖系统里，热媒在被加热后，体积会膨胀，为容纳这部分膨胀水量，系统原则上都要设置膨胀水箱；在系统温度降低，热媒体积收缩，或者系统水量漏失时，又需要由膨胀水箱将水补入系统。膨胀水箱还起排除系统中空气的作用，所以它连接在总供水立管上部；在机械循环系统中，膨胀才箱还起着重要的定压作用，因此，与自然循环系统不同，它连接在水泵吸入口附近的回水干管上。

膨胀水箱用钢板焊接而成，有圆形和矩形两种，从补水方式分又有带补给水箱和无补给水箱两种。

膨胀水箱上一般有以下一些配管：

（1）膨胀管：是系统水膨胀进入膨胀水箱和从膨胀水箱向系统补水的管道。

（2）循环管：是为了防止水箱冻结而设置的。一般只有在不采暖房间中设膨胀水箱时安装，它的作用是与膨胀管相配合，使膨胀水箱中的水在两管内产生微弱的循环，不致冻结。

（3）信号管：信号管也叫检查管，通常是引到锅炉房洗涤盆等容易观察及操作的地方，末端装有阀门，由运行人员进行观察控制。

（4）溢流管：当膨胀水箱中水量过多时，通过溢流管排出，可以控制水箱的最高水位，防止水箱产生溢水事故。溢流管也可以用来排除系统中的空气。

（5）排污管：检修或者清洗膨胀水箱时。通过设在水箱底部的排污管将箱中的水排净。

在以上几根配管中，膨胀管、循环管和溢流管上均不得设置阀门。

膨胀水箱应设置在采暖系统的最高点，通常是安装在建筑物的阁楼，屋顶平台或水箱间中。安装在不采暖房间内的膨胀水箱及配管，应按设计要求保温。

图 5-22 及图 5-23 为膨胀水箱及其配管与系统连接图。

（二）排气装置

在热水采暖系统中，如果散热器中存在空气，将会减少散热器的有效散热面积，同时，空气如果积聚在管道中，就可能形成气塞，堵塞管道，破坏水循环，造成系统局部不热。此外，空气与钢管内表面相接触会引起钢管腐蚀，缩短管道寿命。采暖系统中的空气主要有以下两个来源，一是充水后系统仍残留部分空气；二是冷水中溶有部分空气，系统运行时将水加热后，这部分空气会不断地从水中析出。

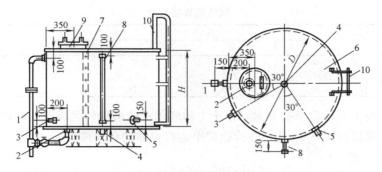

图 5-22　圆形膨胀水箱

1—溢流管；2—排水管；3—循环管；4—膨胀管；5—信号管；6—箱体；

7—内人梯；8—玻璃管水位计；9—人孔；10—外人梯

　　为了保证系统正常工作，必须及时、方便地将系统中的空气排出。

　　系统排气的方法主要有以下几种：自然循环系统可利用膨胀水箱排气；机械循环系统多在供水干管末端、系统的最高点、空气易积聚的地点设置集气罐、手动或自动排气阀等进行排气。

　　1. 集气罐

　　集气罐用直径 100～250mm 的钢管焊制而成，有立式和卧式两种，如图 5-24 所示，图中（a）是立式的，（b）是卧式的，在集气罐顶部连有直径为 15mm 的排气管，管子的另一端引到附近的能排水的地点，

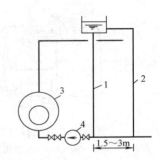

图 5-23　膨胀水箱与系统的连接方式

1—膨胀管；2—循环管；3—热水锅炉；4—循环水泵

由装设在管子末端的排气阀控制定期排气。当系统充水时将排气阀打开，直至有水从管中流出时即关闭阀门。在系统工作期间，当供水流经集气罐时，由于流通断面突然扩大，流速降低，夹杂在水中的气泡自动析出，积聚到罐的上部空间，然后定期地打开排气阀把空气放出。由于立式集气罐比卧式的容纳空气量大。因此一般系统中多用立式的，只有当干管距顶棚的距离太小，不能设置立式集气罐时，才采用卧式的。

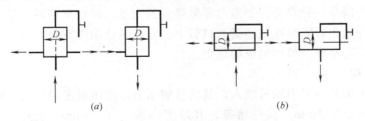

图 5-24　集气罐

　　集气罐进行选择时，其直径一般按排气点干管直径的 1.5～2.0 倍来考虑，具体型号尺寸可按表 5-1 进行选择。

　　2. 自动排气阀

　　自动排气阀的种类很多，大都是利用水对浮子的浮力，当自动排气阀的罐内上部空间空气积聚多时，浮子下落，浮子上的联动机构使排气的阀孔打开，空气自动排出；空气排

规　　格	型　　号				国标图号
	1	2	3	4	
D(mm)	100	150	200	250	
$H(L)$(mm)	300	300	320	430	T903
重量(kg)	4.39	6.95	13.76	29.29	

出后，罐内水面上升，浮子被升起，浮子上的联动机构将排气的阀孔及时堵上，不让系统水从排气孔中流出。图 5-25 是一种构造简单运行可靠的自动排气阀。

3. 手动排气阀

图 5-26 是一散热器专用的手动排气阀，安装在散热器上端的丝堵上，转动手轮 1，散热器内积聚的空气便经放气孔 2 排出，排完后要及时关闭。

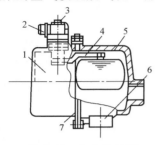

图 5-25　自动排气阀

1—前外壳体；2—排气口；3—首次排气嘴；4—浮漂机构；5—后外壳体；6—连接管头；7—胶垫

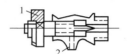

图 5-26　手动排气阀

1—手轮；2—放气孔

（三）除污器

除污器的作用是阻留管网中的杂质和污物，以防造成管路堵塞，一般安装在用户入口的供水或回水总管上，并设有旁通管道，以便定期清洗检修。除污器为圆形钢制筒体，有卧式、立式和角通式三种，其构造如图 5-27 所示。除污器的工作原理是：水由进水管进入除污器内，水流速度突然减小，使水中的污物沉降到筒体底部，较清洁的水由带有大量小孔的出水管流出。

（四）散热器温控阀

散热器温控阀是一种自动控制散热器散热量的设备，可根据室温与给定温度之差自动调节热媒容量的大小，安装在散热器入口管上。它主要应用于双管系统，在单管系统中也可使用，具有恒定室温、节约热能的优点。

（五）调压板

调压板的作用是用来消除采暖入口处的过剩压力。调压板多用不锈钢或铝合金材料制成，孔口直径不小于 3mm，以免堵塞，其厚度一般为 2～3mm，安装在两个法兰之间，如图 5-28 所示。调压板的制作和安装可查用国家标准图集。

四、蒸汽采暖系统的附属设备

（一）疏水器

疏水器是蒸汽采暖系统中的重要部件，它的作用是使系统中的凝结水迅速通过而阻止蒸汽逸漏，使蒸汽得以在散热器中充分放热，同时使产生的凝结水迅速排除。疏水器的好坏和工作状况直接影响到系统运行的可靠性和经济性。

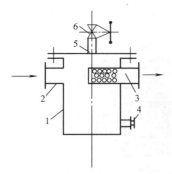

图 5-27　立式直通除污器
1—外壳；2—进水管；3—出水管；
4—排污管；5—放气管；6—截止阀

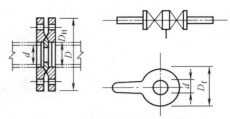

图 5-28　调压板的制作安装图

根据疏水器的工作原理，可将其大致分为三类：恒温型、机械型和热力型三大类。

1. 机械式疏水器

机械式疏水器是根据蒸汽和凝结水密度不同，依靠凝结水的液面高度变化来带动联动机构上下运动而工作的。主要类型有钟形浮子式、浮桶式、倒吊桶式和浮球式等。适用于高压蒸汽系统中的凝结水和空气的排出。

机械式疏水器具有排水性能好，疏水量大，筒内不易沉渣，较易排出空气的优点，但其体积较大，价格较高。

2. 恒温式疏水器

恒温式疏水器是利用蒸汽和凝结水的温度差，引起恒温元件的温度变形而自动工作的。如波纹管式，双金属片式和液体膨胀式等。

3. 热动力型疏水器

热动力型疏水器是根据蒸汽和凝结水热力学特性的不同，利用蒸汽和凝结水在流动过程中压力、密度等的变化来控制阀孔的启闭而工作的。如热动力式和脉冲式等。此类疏水器体积小、重量轻、结构简单，安装维修方便，较易排出空气，且有止回作用。当凝结水量小或阀前后压差多时会有连续漏汽现象，过滤器易堵，需要定期清除维护。

几种常见疏水器的结构图，如图 5-29、图 5-30、图 5-31 所示。

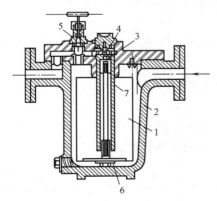

图 5-29　浮筒式疏水器
1—浮筒；2—外壳；3—顶针；4—阀孔；5—放气阀；
6—可换重块；7—水封套筒上的排气孔

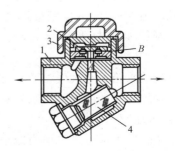

图 5-30　圆盘式疏水器
1—阀体；2—阀片；3—阀盖；4—过滤器

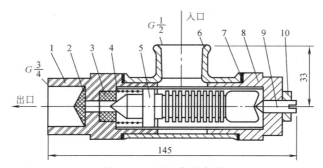

图 5-31　温调式疏水器

1—大管接头；2—过滤网；3—网座；4—弹簧；5—温度敏感元件；

6—三通；7—垫片；8—后盖；9—调节螺钉；10—锁紧螺母

疏水器多为水平安装，如图 5-32 所示。疏水器前后需设置阀门，用以截断管路，便于检修。疏水器前设冲洗管，用以排放空气和冲洗管路。在疏水器与后阀门之间前，装设检查管，可以检查疏水器工作状况。旁通阀的主要作用是在开始运行时排除大量凝结水和空气。运行中旁通管不应打开，以防蒸汽窜入回水系统。旁通管还可以在疏水器检修时让蒸汽通过，以保证连续供汽。管道中的杂质极易堵塞疏水器，因此在疏水器前应有过滤措施。

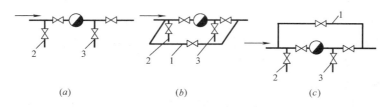

图 5-32　疏水器的安装

(a) 不带旁通管水平安装；(b) 带旁通管水平安装；(c) 旁通管垂直安装

1—旁通管；2—冲洗管；3—检查管；4—止回阀

低压恒温式疏水器分为角式和直通式两种。角式多安装在散热器出口支管上，直通式多装于地沟凝结水管段上。恒温式疏水器的规格有 $DN15$、$DN20$ 和 $DN25$ 三种。

（二）凝结水箱

凝结水箱是用来收集储存系统凝结水的设备。按是否与大气相通可分为开式和闭式两种，一般多用 $3\sim10mm$ 厚钢板焊接而成。

开式凝结水箱与大气相通，由于只承受水箱内水的静压，压力较小，多做成长方形。

闭式凝结水箱不与大气相通，可以避免空气与凝水接触，防止了空气中氧溶解于水对管道及设备的腐蚀。由于闭式水箱承压较大，水箱多做成圆筒形。

（三）减压阀

减压阀的作用是将进口压力减至某一设定的出口压力，并自动保持压力稳定。这一过程，是依靠阀内的敏感元件（如弹簧、膜片、波纹管）改变阀瓣与阀座的间隙来实现。目前国产减压阀有活塞式、波纹管式及薄膜式等。

第四节　室内采暖施工图

一、施工图的组成

与给水排水施工图相同，采暖施工图一般由设计说明、平面图、系统图、详图、设备及主要材料表组成。

（一）设计说明

设计图纸无法表达的问题，一般由设计说明来完成。设计说明的主要内容有：建筑物的采暖面积、热源种类、热媒参数、系统总热负荷、系统形式、进出口压力差（即室内采暖所需资用压力）、散热器形式及安装方式、管道敷设方式、防腐、保温、水压试验要求等。

此外，还应说明需要参看的有关专业的施工图号或采用的标准图号以及设计上对施工的特殊要求和其他不易用图表达清楚的问题。

（二）平面图

为了表示出各层的管道及设备布置情况，采暖施工平面图也应分层表示，但为了简便，可只画出房屋首层、标准层及顶层的平面图再加标注即可。

（1）楼层平面图　楼层平面图指中间层（标准层）平面图，应标明散热设备的安装位置、规格、片数（尺寸）及安装方式（明设、暗设、半暗设），立管的位置及数量。

（2）顶层平面图　除与楼层平面图相同的内容外，对于上分式系统，要标明总立管、水平干管的位置；干管管径大小、管道坡度以及干管上的阀门、管道固定支架及其他构件的安装位置；热水采暖要标明膨胀水箱、集气罐等设备的位置、规格及管道连接情况。

（3）底层平面图　除与楼层平面图相同的有关内容外，还应标明供热引入口的位置、管径、坡度及采用标准图号（或详图号）。下分式系统应标明干管的位置、管径和坡度；上分式系统应标明回水干管（蒸汽系统为凝水干管）的位置、管径和坡度。平面图中还要表明地沟位置和主要尺寸，活动盖板、管道支架的位置。

采暖散热器在平面图上一般用窄长的小长方形表示，无论由几片组成，每组散热器一般要画成同样大小。

采暖工程施工平面图所用的比例与建筑平面施工图相同，常采用1：100的比例。

（三）系统图

采暖系统图也称轴测图，表示的内容有：

（1）表示出采暖工程管道的上、下楼层间的关系，管道中干管、支管、散热器及阀门等的位置关系；

（2）各管段的直径、标高、散热器片数及主管编号；

（3）各楼层的地面标高、层高及有关阀件的高度尺寸等；

（4）膨胀水箱、集气罐的规格、安装形式；

（5）节点详图的图号。

（四）详图

在采暖施工图中需要详尽表示的设备或管道节点，应用详图来表示。

二、采暖施工图举例

图 5-33 及图 5-34 为某三层楼的医院综合楼采暖平面和系统图。

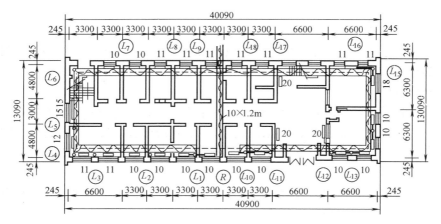

一层采暖平面图(1:100)

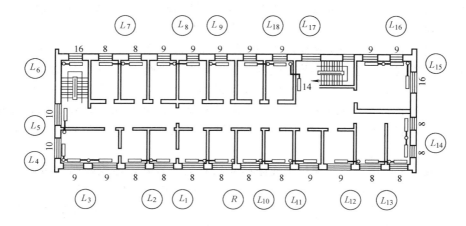

二层采暖平面图(1:100)

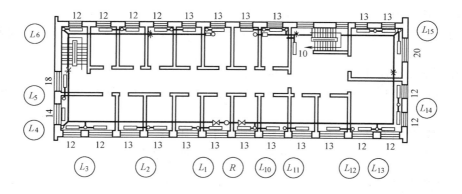

三层采暖平面图(1:100)

图 5-33　采暖平面图

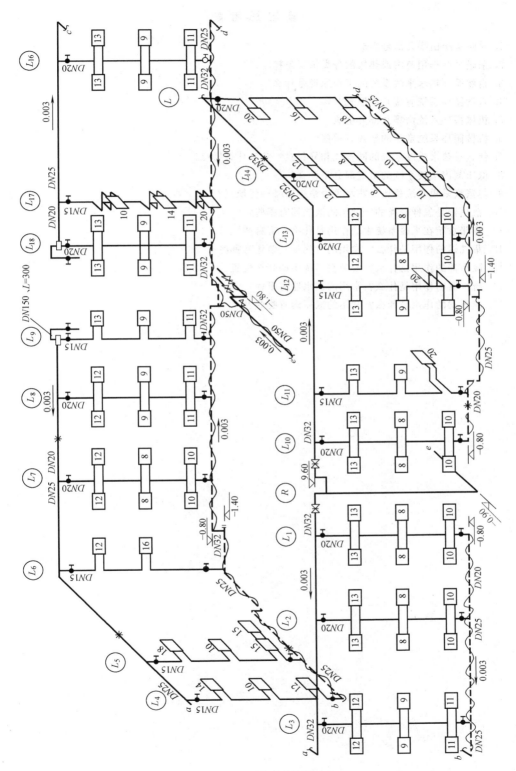

图 5-34 采暖系统图

复习思考题

1. 采暖系统由哪几部分组成？
2. 采暖系统作用范围或热媒的分类情况怎样？
3. 自然循环热水采暖系统的工作原理是什么？
4. 自然循环系统有哪几种形式？
5. 机械循环系统由哪几部分组成？
6. 机械循环系统常用的形式有哪些？
7. 什么是热水采暖系统的同程式和异程式？各有什么特点？
8. 低压蒸汽采暖系统的组成部分是什么？
9. 与蒸汽采暖系统相比，热水采暖系统有哪些优缺点？
10. 散热器是怎样分类的？常用的散热器有哪些？
11. 膨胀水箱在采暖系统中的作用是什么？有哪些配管？
12. 集气罐的作用是什么？常用的集气排气装置有哪些？
13. 除污器的作用是什么？安装在系统中的什么位置？
14. 疏水器的作用是什么？常用的疏水器有哪些？
15. 减压阀的作用是什么？常用的减压阀有哪些？

第六章　热水和煤气供应

第一节　热水供应系统

室内热水供应，是水的加热、储存和输配的总称。

室内热水供应系统主要供给用户洗涤及盥洗用热水，应能保证用户可以得到水量、水温和水质都符合设计要求的热水。

一、热水供应系统的分类

室内热水供应系统，按照热水供应的范围分为局部热水供应系统、集中热水供应系统和区域热水供应系统。

（一）局部热水供应系统

采用各种小型加热设备在用水场所就地加热，供局部范围内的一个或几个用水点使用的热水系统，称为局部热水供应系统。例如，采用小型煤气加热器、蒸汽加热器、电加热器、炉灶、太阳能热水器等加热冷水，供给单个厨房、浴室、生活间等的用水就属于此种供应方式。

局部热水供应系统适用于热水用量较少且较分散的建筑，如一般单元式住宅、小型饮食店、理发店、医院、诊疗所等公共建筑和布置较分散的车间卫生间等工业建筑。

（二）集中热水供应系统

集中热水供应系统就是在锅炉房、热交换站或加热间将水集中加热，通过热水管网输送到整幢或几幢建筑的热水供应系统。

集中热水供应系统适用于热水用量较大，用水点比较集中的建筑，如高级居住建筑、旅馆、公共浴室、医院、疗养院、体育馆、游泳池、大型饭店等公共建筑，布置较集中的工业企业卫生间等工业建筑。

（三）区域热水供应系统

区域热水供应系统是指水在热电厂、区域性锅炉房或热交换站集中加热，通过市政热水管网输送至整个建筑群、居民区、城市街坊或整个工业企业的热水供应系统。

区域热水供应系统的供应范围，比集中热水供应系统要大得多，而且热效率高，便于统一维护管理和热能的综合利用。对于建筑布置比较集中、热水用量较大的城市和工业企业，有条件时应优先采用。

目前在我国采用较多的是集中热水供应系统，因此本章主要介绍集中式热水供应系统。

二、热水供应系统的组成

一个比较完整的热水供应系统由热源、加热设备、热水管网、配水龙头或用水设备、热水箱及水泵等组成。如图 6-1 所示。

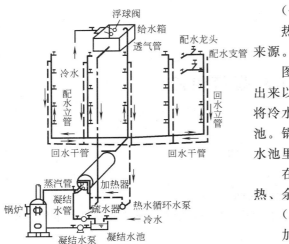

图 6-1 室内热水供应系统（下行
上给式全循环管网）

（一）热源

热源是指将冷水加热成热水所需热量的来源。

图 6-1 中的热源是蒸汽。蒸汽由锅炉中生产出来以后，用热媒输送管道将其送入水加热器中将冷水加热。蒸汽凝结水由凝水管排至凝结水池。锅炉用水由凝结水池前的补水泵压入，凝结水池里的水由软化系统补充。

在工厂中有废热可以利用者，应尽量利用废热、余热、废蒸汽来加热水，以节约燃料。

（二）加热设备

加热设备是通过热媒将冷水加热成热水的设备。

图 6-1 中的加热设备是水加热器。水加热器中所需的冷水由给水箱供给，冷水被蒸汽所带的热量加热后，热水由配水管送到各个用水点。图中的加热器被称为容积式水加热器。水的加热方式主要有直接加热和间接加热，加热设备可分为表面式水加热器和混合式水加热器两种。选用时是根据热源的种类、热能成本、热水用量、设备及经常性费用等进行经济比较后确定的。

（三）热水管网

热水管网的作用是将加热设备中的热水送至用水设备处。

热水管网可分为三部分：

（1）热媒循环管道　它是连接锅炉和水加热器（或贮水器）之间的管道。如果热煤为蒸汽时，就不存在循环管道，而只有蒸汽管和凝结水管及其他设备，但习惯上也称热媒循环管道。

（2）配水循环管道　它是连接贮水器（或水加热器）和配水龙头之间的管道。根据使用要求。有的系统只有配水管道而无回水管道。

（3）给水管道　自来水（或经水箱）接至水加热器或锅炉的给水管道。

三、热水管网的布置形式

热水管网的布置形式很多，一般可根据热水干管在建筑物内的不同位置，分为下列两种：

（一）上分式

配水干管敷设在建筑物的上部，自上而下供应热水，又称为上行下给式。

（二）下分式

配水干管敷设在建筑物的下部，自下而上供应热水，又称下行上给式。如图 6-1 所示。

这两种形式的热水管网，如不设回水管，就与给水管网相同。所不同的是热水干管不能直接埋地敷设，需要设在底层地面以下时，应将热水干管设在地沟中。

当系统仅有配水管网时，由于用水的不均匀性，有时热水停滞在管道内的时间过长而逐渐冷却，因而无法保证各用水点在任何时间内都能取得不低于规定水温的热水，因此，对于用水不均匀或要求随时都可取得不低于规定水温的热水系统，应当设置回水管网，使水在配水管网和回水管网中不断循环，以满足上述要求。

根据使用要求的不同，热水管网可设成全循环或半循环系统。全循环系统是指所有支管、立管、干管都设有回水管（当支管较短时可不设支管回水管道）。这种系统，可以利用设在最高处的配水龙头来排除系统内的空气。为防止回水立管顶端形成气塞而影响系统内水的正常循环，回水立管应在最高配水龙头以下0.5m处与配水立管连接。

图6-2为上分式全循环系统的示意图。为保证能及时排除系统内的空气，在系统的最高处应设排气装置。但应注意的是配水干管水流方向应与排气方向相一致，这样有利于排气。为使各环路水头损失保持平衡，距加热器较远的主管管径应适当放大，并在每根立管上加设调节阀。全循环系统适用于要求随时获得设计温度热水的建筑，如旅馆、高级民用建筑、医院、疗养院、托儿所等。

半循环系统是指仅在干管设回水管，所以只能保证干管中的水达到设计水温，如图6-3所示。半循环系统适用于对水温要求不甚严格，支管、分支管较短，用水量较集中或一次用水量较大的建筑，如某些工业企业生产和生活用水，服务半径大于30m的一般建筑和集体宿舍等。

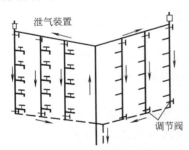

图6-2　上分式全循环系统示意图

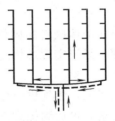

图6-3　下分式半循环管网示意图

另外，不设回水管的热水管网为非循环系统，它适用于连续用水或定时集中用水的场合，如公共浴室，某些工业企业生产和生活用热水等。

第二节　热水管道的布置和敷设

热水管网的布置与给水管网布置的原则基本相同，一般多为明装。明装时，管道应尽可能布置在卫生间、厨房或不居住人的房间。暗装不得埋于地面下，一般多敷设在地沟内、地下室顶部、建筑物最高层的顶棚下，或顶棚内及专用设备技术层内。热水管可以沿墙、柱敷设，也可敷设在管道井内及预留沟槽内。设于地沟内的热水管，应尽量与其他管道同沟敷设。

管道穿过墙和楼板时应设套管，穿过卫生间楼板的套管应高出室内地面5～10cm，以避免地下积水从套管渗入下层。

配水立管始端与回水立管末端以及多于5个配水龙头的支管始端，均应设置阀门，以便于调节和检修。

为了防止热水倒流或窜流，水加热器、贮水器的冷水供水管上、机械循环系统的第二循环回水管上、直接加热混合器的冷热水供水管上，都应装设止回阀。

为了避免热胀冷缩对管件或管道接头的破坏作用，热水干管应考虑自然补偿管道或装设足够的管道补偿器。

所有热水管道，均应有不小于 0.003 的坡度，以便于排气和泄水。

在上行下给式配水干管的最高处及向上抬高的管段应设置排气装置。如自动排气阀、集气罐、排气管或膨胀水箱等。管网系统的最低点及向下凹的管段应设泄水装置或利用最低配水点泄水。

热水立管与水平干管连接时，立管应加弯头以补偿立管的伸缩应力。

为了满足运行调节和检修的要求，在水加热设备、储水器锅炉、自动温度调节器和疏水器等设备的进出水口的管道上，还应装设必需的阀门。

热水管道应选用耐腐蚀、安装连接方便可靠、符合饮用水卫生要求的管材。一般可采用薄壁铜管、薄壁不锈钢管、塑料热水管、塑料和金属复合热水管等。住宅入户管采用敷设在垫层内时可采用聚丙烯（PP-R）管、聚丁烯管（PB）、交联聚乙烯管（PEX）等软管。

第三节 燃 气 供 应

气体燃料比液体燃料和固体燃料具有更高的热能利用率，燃烧温度高，火力调节自如，使用方便，易于实现燃烧过程自动化，燃烧时没有灰渣，清洁卫生，而且可以利用管道和瓶装供应。

在工业生产上，燃气供应可以满足多种生产工艺（如玻璃工业、冶金工业、机械工业等）的特殊要求，可达到提高产量、保证产品质量以及改善劳动条件的目的。

在人们日常生活中，应用煤气作为燃料，对改善人民生活条件，减少空气污染和保护环境，都具有十分的意义。

一、燃气的种类

根据来源的不同，燃气可分为天然气、人工煤气和液化石油气三种。

（一）天然气

天然气是指从地下直接开采出来的可燃气体。天然气一般可分为以下四种：

（1）从气井开采出来的气田气或称纯天然气；

（2）伴随石油一起开采出来的石油气，也称石油伴生气；

（3）含石油轻质馏分的凝析气田气；

（4）从井下煤层抽出的煤矿矿井气。

一般纯天然气的可燃成分以甲烷为主，还会有少量的二氧化碳、硫化氢、氮和微量的氦、氖、氢等气体。天然气是一种理想的城市气源。天然气可以管道输送，也可以压缩成液态运输和贮存，液态天然气的体积仅为气态天然气的 1/600。

天然气通常没有气味，所以在使用时需混入无害而有臭味的气体（如乙硫醇 C_2H_5SH），以便于发现漏气，避免发生中毒或爆炸燃烧等事故。

（二）人工煤气

人工煤气是将固体燃料（煤）或液体燃料（重油）通过人工炼制加工而得到的。按其制取方法的不同可分为干馏煤气、气化煤气、油制气和高炉煤气四种。

在城市煤气中由固体燃料得到的煤气是主要的气源。将煤放入专用的工业炉中，隔绝空气从外部加热，分解出来的气体经过处理后就是焦炉煤气，可用管道直接送至用户。剩余的固体残渣即可为焦炭。

人工煤气有强烈的气味及毒性，它的主要成分是甲烷和氢气，另外含有硫化氢、萘、苯、氨、焦油等杂质，容易腐蚀及堵塞管道，因此出厂前均需经过净化。煤制煤气只能采用贮气罐气态贮存和管道输送。

人工煤气多用于工业。

（三）液化石油气

液化石油气是在对石油进行加工处理过程中（如减压蒸馏、催化裂化、铂重整等），所获得的一部分碳氢化合物副产品。

液化石油气是多种气体的混合物，其主要成分是丙烷、丙烯、正（异）丁烷和正（异）丁烯等。它们在常温常压下呈气态，当压力升高或温度降低时很容易转变为液态，便于贮存和运输。

煤气虽然是一种清洁方便的理想能源，但是如果不了解它的性质或使用不当，也会带来不堪设想的后果。燃气和空气混合到一定比例时，极易导致燃烧和爆炸，火灾危害性大，且人工燃气有剧烈的毒性，容易引起中毒事故。因而，所有制备、输送、贮存和使用燃气的设备及管道，都要有良好的密封性，它们对设计、加工、安装和材料选用都有严格的要求，同时必须加强维护和管理工作，防止漏气。

二、城市燃气供应方式

燃气供应方式应根据用户所需燃气压力和用量，结合市政管网供气条件，经技术经济比较确定。

城市燃气的供应，目前有两种方式，一是瓶装供应，它用于液化石油气，且距气源地不十分远，运输方便的城市。另一种是管道输送，主要用来输送天然气和人工燃气。

（一）管道输送

根据输气压力的不同，可将城市燃气管网分为低压管网（压力小于 0.01MPa）、中压管网（0.01MPa≤压力≤0.4MPa）和高压管网（压力大于 0.4MPa）。

城市燃气管网通常包括街道燃气管网和庭院燃气管网两部分。燃气经过净化后，由街道高压管网或次高压管网，经过燃气调压站，进入街道低压管网，再经庭院管网而接入用户。

街道燃气管网一般都布置成环状，只有边缘地区才布置成枝状，民用建筑的庭院燃气管道或居住小区室外管道宜采用枝状布置方式，有时根据规模大小也可采用环状布置方式。庭院燃气管网是指从燃气总阀门井以后，至各建筑物前的用户外管路。

燃气管网一般为埋地敷设，也可以架空敷设。但一般情况下不设管沟，更不准与其他管道同沟敷设，以防燃气泄漏时积聚在管沟内，引起火灾、爆炸或中毒事故。

燃气管道不得从建筑物和大型构筑物的下面穿越，在架空建筑物下穿越时应作出相应的保护措施。

埋地燃气管道应尽量避免穿过下水管、热力管沟、联合地沟、隧道及其他各种用途沟槽。如因特殊需要必须穿越时，应将燃气管道敷设于金属套管内。套管两端应采用柔性的防腐、防水材料密封。

埋地燃气管道穿越公路、铁路等障碍物时，燃气管应设在套管或管沟内，且套管或管沟要用砂填实。

当采用钢管时，埋地燃气管道要做加强防腐，除采用防腐涂层的钢管外，宜同时采用阴极保护。埋地敷设的燃气钢管宜采用牺牲阳极法保护，其设计应符合国家现行标准《埋地钢质管道牺牲阳极设计规范》（SY/T 0019）的规定。

室外埋地中、低压燃气管道可采用钢管（焊接钢管或无缝钢管）、聚乙烯管和机械接口球墨铸铁管。其中聚乙烯管道必须采用黄色或黑色带黄条的管材。

庭院燃气管道直接敷设在当地土壤冰冻线以下 0.1～0.2m 的土层内，但不得在堆积易燃易爆材料和具有腐蚀性液体的土壤层下面及房屋等建筑物下面通过。在布置管路时，其走向应尽量与建筑物轴线平行，距建筑物基础应不小于 2m，与其他地下管道水干净距为 1m。与给水排水管道、热力管沟底或顶的最小垂直距离为 0.15m，与街树（至树中心）的距离不小于 0.75m。具体要求可参见国家《城镇燃气设计规范》（GB 50028）和其他有关规范。

燃气在输送过程中要不断排除凝结水，因而管道应有不小于 0.003 的坡度坡向凝水器。凝水器内的水定期用手摇泵排除。凝水器通常设置在庭院燃气管道的入口处。

当由城市中压管网直接引入庭院管网，或直接接入大型公共建筑物内时，需设置调压装置。调压装置前后均应设置压力表。

（二）瓶装供应

当需要供气的建筑或建筑小区远离城市燃气管网时需要设置液化石油气供应站、气化站、混气站等。液化石油气供应站的供应范围宜为 5000～10000 户，总储存量不宜超过 10m^3。

液化石油气供应站到用户根据供应范围、户数、燃烧设备的需用量大小等因素，可采用单瓶、瓶组和管道系统。其中，单瓶供应常采用 15kg 钢瓶。瓶组供应常采用钢瓶并联供应公共建筑或小型工业建筑的用户。

钢瓶内液态液化石油气的饱和蒸汽压，按绝对压力计一般为 70～800kPa，靠室内温度可自然汽化。但当供燃气燃具及燃烧设备使用时，还要经过钢瓶上的调压器而减压到 2.8±0.5kPa。单瓶供应一般钢瓶置于厨房，但要符合相关安全规定，也可设置在室外的贴邻建筑物外墙的专用小室内。瓶组供应系统的并联钢瓶、集气管及调压阀等应设置在单独房间。

钢瓶在运送过程中，无论人工装卸还是机械装卸，都应严格遵守操作规程，严禁乱扔乱甩。

第四节　室内燃气管道的布置和敷设

室内燃气管道系统由用户引入管、干管、立管、用户支管、燃气计量表、用具连接管和燃气用具组成。

室内燃气管道的布置和敷设要求如下：

1. 引入管

用户引入管与城市或庭院低压分配管道连接，在分支管处设阀门。输送湿燃气的引入管一般由地下引入室内，当采取防冻措施时也可由地上引入。在非采暖地区输送干燃气时，且管径不大于 75mm 的，则可由地上引入室内。

引入管穿墙或基础进入建筑物内之后，应尽快出室内地面，不得在室内地面下水平敷设。其室内地坪严禁采用架空板，应采用回填并分层夯实后浇筑的混凝土地面。

建筑物设计沉降量大于 50mm 以上的燃气引入管，根据情况可采取如下保护措施：

（1）加大引入管穿墙的预留洞尺寸。

（2）引入管穿墙前水平或垂直方向弯曲 2 次以上。

（3）引入管穿墙前设置金属柔性管接头或波纹补偿器。

管道穿过承重墙、地板或楼板时应加钢套管，套管的内径应大于管道外径 25mm。穿墙套管的两边应与墙面齐平，穿地板、楼板的套管应高出板面 5cm，套管内管道不准有接头。燃气管道与套管之间的缝隙应用柔性防腐防水材料填塞，热沥青封口。套管与墙、楼板之间的缝隙应用水泥砂浆堵严。

燃气引入管阀门宜设在室内操作方便的位置；设在外墙上的引入管阀门应设在阀门箱内；阀门的安装高度，室内宜在 1.5m 左右，室外宜在 1.8m 左右。

引入管应尽量直接引入用气房间（如厨房）内。有困难时也可设在走廊或楼梯间、阳台等便于检修的非居住房间内（寒冷地区输送湿燃气时阳台应封闭，室温不得低于 0℃）。引入管不得从卧室、浴室、厕所、易燃易爆品仓库、有腐蚀性介质的房间、变电室、配电室、发电机房、电话总机室、消防中心、空调机房、通风机房、计算机房、仓库房、机要室以及电缆沟、暖气沟、烟道、垃圾道、风管等处引入。

液化石油气的引入管严禁从地下室、半地下室引入。

2. 水平干管

引入管连接多根立管时，应设水平干管。管道经过的楼梯间和房间应有良好的通风。

室内水平干管不得敷设在潮湿或有腐蚀性介质的房间内，当必须敷设时应采取防腐措施。

输送天然气的水平管道可不设坡度。输送湿燃气（包括气相液化石油气）的管道，其敷设坡度不应小于 0.002，特殊情况下不得小于 0.0015。

室内水平干管应明设。当建筑设计有特殊美观要求时，可敷设在吊顶内，但吊顶内管道应符合相关要求。

民用建筑室内水平燃气干管，不得埋设在地下土层或地面混凝土层内。

室内水平燃气干管不宜穿过建筑物变形缝（沉降缝、防震缝等），当必须穿过时，根据结构变形量大小，在变形缝的墙上留适当的墙洞，并在变形缝两侧的管道上加装金属柔性管或波纹管。

室内水平干管的安装高度不应低于 1.8m，距顶棚不得小于 15cm。

室内水平干管的支承间距不得大于表 6-1 的规定。

3. 立管

立管是将燃气由水平干管（或引入管）分送到各层的管道。

室内燃气立管宜设在厨房、开水间、走廊、阳台（寒冷地区输送湿燃气时阳台应封闭）等处；不得设置在卧室、浴室、厕所或电梯井、排烟道、垃圾道等内。

室内燃气立管宜明设，也可设在便于安装和检修的管道竖井内，但应符合下列要求：

（1）燃气立管可与给排水管、冷热水管、可燃液体管、惰性气体管等设在一个公用竖井内，但不得与电线、电气设备或进风管、回风管、排气管、排烟管、垃圾道等共用一个竖井。

（2）竖井内的燃气管道应采用焊接连接，且尽量不设或少设阀门等附件，焊缝质量要求应符合相关规定。

（3）竖井应每隔 2～3 层做相当于楼板耐火极限的非燃烧体进行防火分隔，但还应设法保证平时竖井内自然通风和火灾时防止"烟囱"作用的措施（如竖井上下设通风百叶、分隔板上设小孔或防火阀等）。

（4）管道竖井的墙体采用耐火极限不低于 1.0h 的非燃烧体，检查门应采用丙级防火门。

立管支承间距，当管道公称直径不大于 $DN25$ 时，应每层中间设一个；大于 $DN25$ 时，按需要设置。

立管通过各层楼板处应设套管。套管高出地面至少 50mm，套管与立管之间的间隙用油麻填堵，沥青封口。

立管在一幢建筑中一般不改变管径，直通上面各层。

水平干管支承间距表   表 6-1

公称直径	支承间距（m）	公称直径	支承间距（m）
$DN15$	2.5	$DN100$	7.0
$DN20$	3.0	$DN125$	8.0
$DN25$	3.5	$DN150$	10.0
$DN32$	4.0	$DN200$	12.0
$DN40$	4.5	$DN250$	14.5
$DN50$	5.0	$DN300$	16.5
$DN65$	6.0	$DN350$	18.5
$DN80$	6.5	$DN400$	20.5

4. 用户支管

由立管引向各单独用户计量表及燃气用具的管道为用户支管。用户支管在厨房内的高度不低于 0.7m，敷设坡度应不小于 0.002，并由燃气计量表分别坡向立管和燃气用具。支管穿墙时也应有套管保护。

室内支管应明设，敷设在过厅、走道的管段不得装设阀门和活接头。当支管不得已穿过卧室、浴室、阁楼或壁柜时，必须采用焊接连接并设在套管内。浴室内设有密闭型热水器时燃气管可不加套管，但应尽量缩短支管长度。

室内燃气管道在下列各处宜设置阀门：

（1）燃气引入管。

（2）从水平干管接出立管时每个立管的起点处。

（3）从室内燃气干管或立管接至各用户的分支管上（可与表前阀合设 1 个）。

（4）每个用气设备前。

（5）点火棒、取样管和测压计前。

（6）放散管起点处。

（7）燃气表周围。

为便于拆装，螺纹连接的立管每隔一层距地面 1.2～1.5m 高处设一个活接头。遇有螺纹阀门时应在阀门后设一个活接头。

室内燃气管道一般为明装敷设。当建筑物或工艺有特殊要求时，也可以采用暗装。但必须敷设在有人孔的闷顶或有活盖的墙槽内，以便安装和检修。

燃气管道根据工作压力和使用场所，宜采用下列管材和连接方法：

（1）低压燃气管道宜采用热镀锌钢管或焊接钢管螺纹连接；中压管道宜采用无缝钢管焊接连接。

（2）居民及公共建筑室内明装燃气管道宜采用热镀锌钢管螺纹连接。

（3）敷设在下列场所的燃气管道宜采用无缝钢管焊接连接：

1）燃气引入管；

2）地下室、半地下室和地上密闭房间内管道；

3）管道竖井和吊顶内管道；

4）屋顶和外墙敷设的管道；

5）锅炉房、直燃机房内管道；

6）室内中压燃气管道。

（4）居民用户暗埋室内低燃气支管可采用不锈钢管或铜管，暗埋部分应尽量不设接头，露明部分可采用卡套、螺纹或钎焊连接。

（5）燃具前低压燃气管道可采用橡胶管或家用燃气软管，连接可采用压紧螺帽或管卡；

（6）凡有阀门等附件处可采用法兰或螺纹连接，法兰宜采用平焊钢法兰，法兰垫片宜采用耐油石棉橡胶垫片，螺纹管件宜采用可锻铸铁件，螺纹密封填料宜采用聚四氟乙烯带或尼龙绳等。

室内燃气管道的防腐和涂色漆规定如下：

（1）引入管埋地部分按室外管道要求防腐。

（2）室内管道采用焊接钢管或无缝钢管时应除锈后刷两道防锈漆。

（3）管道表面一般涂刷两道黄色油漆或按当地的规定执行。

复习思考题

1. 室内热水供应系统可分为哪几类？

2. 室内热水供应系统由哪几部分构成？

3. 什么是热水管网的全循环和半循环？各应用在什么情况下？

4. 热水的加热方式有哪两种？

5. 开式和闭式热水贮水箱各设在系统的什么位置？

6. 热水供应系统的主要附件和设备有哪些？各自的作用是什么？

7. 燃气可以分为哪几类？其分类的根据是什么？

8. 燃气的加臭作用是什么？

9. 城市燃气管网布置时有哪些要求？

10. 室内燃气系统是由哪几个部分组成的？

第七章 通风与空调

各种生产过程中都会不同程度地产生有害气体、蒸气、灰尘、余湿及余热，我们通常把这些物质称为工业有害物。工业有害物会污染室内空气，使工作条件恶化，危害生产者健康，影响产品质量，降低劳动生产率。另外，人们在日常活动中不断地散热、散湿和呼出二氧化碳，也会使空气环境变坏。因此，创造一个良好的室内空气环境，无论对保障人体健康，还是保证产品质量，提高经济效益都是十分重要的。

实践证明，通风是改善室内空气环境的有效措施之一。所谓通风就是把充满有害物质的污浊空气从室内排出去，将符合卫生要求的新鲜空气送进来，以保持适于人们生产或生活的空气环境。通风的任务除了创造良好的室内空气环境外，还要对从室内排出的有害物进行必要的处理，使其符合排放标准，以避免或减少对大气的污染。

第一节 通风系统及其分类

通风，包括从室内排出污浊的空气和向室内补充新鲜空气。前者称为排风，后者称为送风。为实现排风和送风，所采用的一系列设备装置的总称为通风系统。

按工作动力的不同，通风方式可分为自然通风和机械通风两种。

一、自然通风

自然通风是借助于风压和热压来使室内外的空气进行交换，从而实现室内空气环境质量改变的一种通风方式。

风压是由空气流动所造成的压力，也是由室外气流（风力）形成室内外空气变换的一种作用力。在风压作用下，室外空气通过建筑物迎风面上的门、窗孔口进入室内，而室内空气则通过背风面及侧面上的门、窗孔口排出。图 7-1 是利用风压所形成的"穿堂风"进行全面通风的示意图。显然，这种自然通风的效果取决于风力的大小。

热压作用是指室内热空气因其密度小而上升，室外较冷而密度略大的空气从下部不断补充进来的作用。图 7-2 为一利用热压进行自然通风的简图。

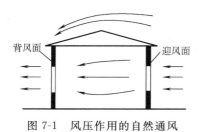

图 7-1 风压作用的自然通风　　　　　图 7-2 热压作用的自然通风

自然通风可分为有组织的自然通风和无组织的自然透风两种。前者是按照空气自然流动的规律，利用侧窗和天窗控制和调节进、排气的地点和数量，后者则是依靠门窗及其缝隙自然进行的。为了充分利用风力的作用，从室内向室外排出污浊或高温空气时，可采用"风帽"管道式有组织的自然通风方式。如图7-3所示。有组织的自然通风对热车间，特别是冶炼、轧钢、铸造、锻造等车间是一种行之有效而又经济的通风方法。

二、机械通风

机械通风就是利用风机所产生的动力并借助于通风管网进行室内外空气交换的通风方式。

机械通风与自然通风相比较，由于有风机的作用，压力能克服较大的阻力，因此往往可以和一些阻力较大、能对空气进行加热、冷却、加湿、干燥、净化等处理的有关设备用风管连接起来，组成一个机械通风系统，把经过处理达到一定质量和数量的空气送到指定的地点。它的作用是风量、风压不受室外气象条件

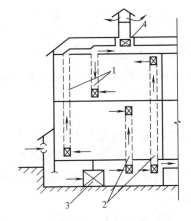

图7-3　管道式自然通风系统

1—排风管道；2—送风管道；3—进风加热设备；4—排风加热设备（为增大热压用）

的影响，通风量比较稳定，对空气处理也比较方便，通风调节较灵活。缺点是消耗动力、投资较大。

按机械通风系统的作用范围，可将其分为局部通风和全面通风。

（一）局部通风

为了保证某一局部地区的空气环境，将新鲜空气直接送到这个局部地区，或者将污浊空气或有害气体直接从产生的地方抽出，防止其扩散到全室，这种通风方式称为局部通风。前者称为局部送风，后者称为局部排风。

1. 局部排风

在工业生产中，常有粉尘或有害气体产生。将有害物直接从产生处抽出，并进行适当的处理（或不处理）排至室外，这种方法称为局部排风。这种方法减少了有害物在室内的扩散，是比较积极有效的通风方式。如图7-4所示。

这种系统由局部排风罩、风管、空气净化设备、风机等主要部件组成。局部排风罩是一个重要部件，常用的有防尘密闭罩、通风柜、上部吸气罩、槽边排风罩等形式。

2. 局部送风

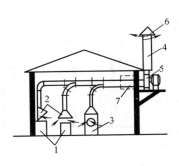

图7-4　局部机械排风系统

1—工艺设备；2—局部排风罩；3—排风柜；4—风管；

5—风机；6—排风帽；7—排风处理装置

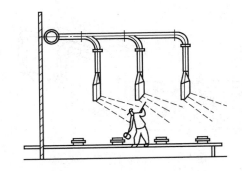

图7-5　局部机械送风系统

仅向房间局部工作地点送风，造成局部地区良好的空气环境的通风方式称为局部送风。送风的气流不得含有害物，气流应该从人体前侧上方倾斜地吹到头、颈和胸部，必要时可从上向下送风。如图7-5所示，为局部送风中常用的一种——岗位吹风或者称为空气淋浴，通常用来改善高温操作人员的工作环境，适用于生产车间较大、工作地点比较固定的厂房。

（二）全面通风

全面通风就是在整个房间内，全面地进行空气交换。

这种通风系统适用于那些在房间内很大范围中产生有害物并且不断扩散的情况。利用全面通风排出有害气体或者送入大量的新鲜空气，将空气中有害物的浓度冲淡到允许的范围之内。

全面通风可以分为全面送风系统、全面排风系统或者既全面送风又全面排风的全面送排风系统。

1. 全面送风

在不希望邻室或室外空气渗入室内时，寒冷地区的冬季为了保持一定的温度，自然进风所消耗的热量又要由采暖设备补偿，而希望送入的空气是经过简单过滤或加热的，多采用如图7-6所示的全面送风系统。

全面送风系统利用风机把室外的新鲜空气（必要时经过过滤和加热）送入室内，在室内造成正压。把室内污浊的空气排出，达到全面通风的效果。

2. 全面排风

为了使室内产生的有害物质尽可能不扩散到其他区域或邻室去，可以在有害物质比较集中产生的区域或房间采用全面排风。如图7-7所示为利用安装在外墙上的轴流风机抽出室内的空气，使室内形成负压，利用负压作用，可以把室外的新鲜空气吸入室内，以冲淡室内的热、湿、有害气体或含粉尘的空气。

3. 全面送排风

在很多情况下，一个房间同时采用图7-6所示的全面送风和图7-7所示的全面排风两种通风方式相结合的全面送排风系统，这往往用于门窗密闭，自行排风或进风比较困难的地方。根据送风量和排风量的不同，可以使房间保持正压或负压，不足的风量则经围护结构的缝隙渗入或挤出。

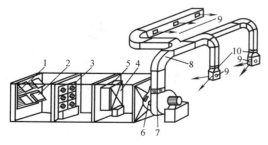

图7-6 全面机械送风系统

1—百叶窗；2—保温阀；3—过滤器；4—空气加热器；
5—旁通阀；6—启动阀；7—风机；8—风管；
9—送风口；10—调节阀

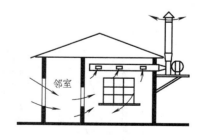

图7-7 全面机械排风系统

上面我们介绍了几种通风方式，实际上，在很多场合是同时采用几种通风方式，如既有局部通风又有全面通风，既有局部排风又有局部送风等，在大型的生产车间更是如此。

总的说来，通风换气应尽可能采用自然通风方式，以节省能源和投资，只有当自然通风不能保证卫生要求时，才采用机械通风。机械通风时又应尽量采用局部排风，当局部排风达不到卫生要求时，才采用全面通风。

第二节　通风系统的主要构件和设备

从前面所述我们知道，自然通风的设备装置比较简单，只需用进、排风窗以及附属的开关装置。但其他各种通风方式，包括机械通风系统和管道式自然通风系统，则由较多的构件和设备组成。在这些通风方式中，除利用管道输送空气以及机械通风系统使用风机造成空气流通的作用压力外，一般的机械排风系统，是由有害物收集和净化除尘设备、风管、风机、排风口或风帽等组成；机械送风系统由进气室、风管、风机、进气口组成。机械通风系统中，为了开关和调节进排气量，还设有阀门。本节将介绍通风系统的这些构件。

一、室内送、排风口

室内送风口是送风系统中的风管末端装置，其任务是将各送风口所要求的风量，按一定的方向，一定的流速均匀的送入室内。

在民用建筑中常用的送风口为活动百叶送风口，如图 7-8 所示。这种送风百叶格是由固定的栏护风格 1，垂直活动叶片 2 和小框 3 所组成。把手 4 是用来改变活动叶片的位置，以便调节通过百叶格的空气量。当通风管道布置在隔墙内或暗装时，通常采用这种送风口，安装时把它直接嵌在墙面上。

在工业厂房中，一般通风量都很大，而且风管大多采用明装，因此常采用空气分布器作为送风口。如图 7-9 所示，图中的几种分布器是用于垂直分支管道上的送风口。

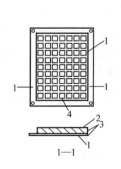

图 7-8　活动百叶式送风口

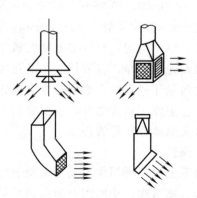

图 7-9　空气分布器

用于水平风管上的送风口常采用图 7-10 所示的形式，这种送风口大都直接开在风管的侧面或下面。风口可以是连续的（图 7-10b），也可以是分开的（图 7-10a）。在连续的风口上，为了使气流均匀，常安装有许多导风板。而在分开开孔的风口上一般都装有插板，用于调节风量。

散流器是一种由上向下送风的送风口，一般明装或暗装在顶棚处的通风管道的端头。如图 7-11 所示。

室内排风口是全面排风系统的一个组成部分，室内被污染的空气经由排风口进入排风管。排风口的种类较少，通常做成百叶式。此外，图 7-10 所示的送风口，也可以用于排风系统，当作排风口使用。

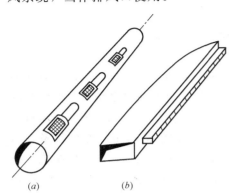

图 7-10　水平风管上的送风口

(a) 分开的送风口；(b) 连续送风口

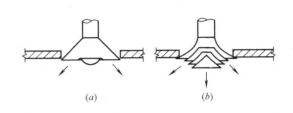

图 7-11　散流器

(a) 盘式；(b) 流线型

二、风管（道）

风管是通风系统中的主要部件之一，其作用是用来输送空气。

常用的通风管道的断面有圆形和矩形两种。同样截面积的风管，以圆形截面最节省材料，而且其流动阻力小，因此采用圆形风管的较多。当考虑到美观和穿越结构物或管道交叉敷设时便于施工，才用矩形风管或其他截面风管。圆形风管和矩形风管分别以外径 D 和外边长 $A \times B$ 表示，单位是毫米（mm）。

目前最常用的管材是普通薄钢板和镀锌薄钢板。有板材和卷材。板材的规格为 750mm × 1800mm、900mm × 1800mm 及 1000mm × 2000mm 等，其厚度为：一般风管 0.5～1.5mm，除尘风管 1.5～3.0mm。普通薄钢板一般是冷轧或热轧钢板。要求表面平整、光滑、厚度均匀，允许有紧密的氧化铁薄膜，但不得有裂纹、结疤等缺陷。镀锌薄钢板要求表面光滑洁净，有镀锌层结晶花纹。有时也可以采用塑料板制作风管。当需要采用非金属材料制作风管时，必须符合防火标准，并应保证风管的坚固及严密性。

通风管道除了直管之外，还要根据工程的实际需要配设弯头、乙字弯、三通、四通、变径管（天圆地方）等管件。

三、阀门

通风系统中的阀门主要是用来调节风量、平衡系统、防止系统火灾蔓延。常用的阀门有启动阀、调节阀、止回阀和防火阀几种。

（1）风机启动阀　风机入口处的阀门有圆形插板阀和圆形瓣式启动阀等。圆形插板阀多用于中小型离心通风机上。圆形瓣式启动阀结构复杂，造价较高，但占地面积小，操作方便。

（2）调节阀　是用来对风量进行调节的阀门。常用的调节阀有密封式斜插板阀、蝶阀、三通调节阀等。

（3）止回阀　止回阀的作用是当风机停止运传时，阻止风管路中的气流倒流。有圆形和方形之分。止回阀必须动作灵活、闸板关闭严密，所以阀板常用铝板制成，因铝板重量轻、启闭灵活、能防止火花及爆炸。止回阀适宜安装在风速大于 8m/s 的风管内。

（4）防火阀　作用是当发生火灾时，能自动关闭管道，切断气流，防止火势通过通风系统蔓延。防火阀也有方形、矩形之分，由阀板套、阀板和易熔片组成。

防火阀是高层建筑空调系统中不可缺少的部件。

四、风机

风机是通风系统中的重要设备，其作用是为通风系统提供使空气流动的动力，以克服风管和其他部件、设备对空气流动产生的阻力。

在通风和空调工程中，常用的风机有离心式和轴流式两种类型。

（一）离心式风机

离心式风机的构造如图 7-12 所示，它主要由叶轮、机壳、机轴、吸气口、排气口以及轴承、底座等部件组成。

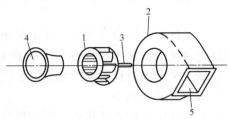

图 7-12　离心式风机的构造
1—叶轮；2—机壳；3—机轴；
4—吸气口；5—排气口

离心式风机的工作原理与离心式水泵相同，主要借助于叶轮旋转使气体获得压能和动能。

叶轮在电动机带动下随机轴一起高速旋转，叶片间的气体在离心力作用下由径向甩出，同时在叶轮的吸气口形成真空，外界气体在大气压力作用下被吸入叶轮内，以补充排出的气体，由叶轮甩出的气体进入机壳后被压向风管，如此源源不断地将气体输送到需要的场所。

离心式风机按其产生的压力不同，可分为三类：

（1）低压风机——风压 $H \leqslant 1000Pa$，一般用于送排风系统或空气调节系统。

（2）中压风机——风压在 $1000Pa < H \leqslant 3000Pa$ 范围内，一般用于除尘系统或管网较长，阻力较大的通风系统。

（3）高压风机——风压 $H > 3000Pa$，用于锻造炉、加热炉的鼓风或物料的气力输送系统。

离心式风机的风压一般小于 15kPa。

离心式通风机安装应符合以下施工技术要求：通风机的基础，各部位尺寸应符合设计要求。预留孔灌浆前应清除杂物，灌浆应用碎石混凝土，其强度等级应比基础的混凝土高一级，并捣固密实，地脚螺栓不得歪斜。通风机的传动装置外露部分应有防护罩；通风机的进风口或进风管路直通大气时，应加装保护网或采取其他安全措施。其进风管、出风管等应有单独的支撑，并与基础或其他建筑物连接牢固；风管与风机连接时，法兰不得硬拉和别劲，机壳不应承受其他机件的重量，防止变形。如果安装减振器，要求各组减振器承受荷载的压缩量应均匀，不得偏心；安装减振器的地面应平整，安装完毕，在使用前应采取保护措施，以防损坏。

（二）轴流式通风机

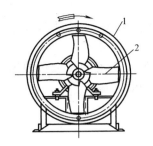
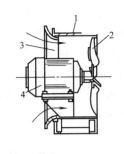

图 7-13　轴流式风机的构造

1—机壳；2—叶轮；3—吸气口；4—电动机

轴流式通风机主要由叶轮、外壳、电动机和支座等部分组成，如图 7-13 所示。

轴流风机叶片与螺旋桨相似，当电动机带动它旋转时，空气产生一种推力，促使空气沿轴向流入圆筒型外壳，并与机轴平行方向排出。

轴流式风机与离心式风机相比有如下的特点：

（1）当风量等于零时，风压最大；

（2）风量越小，所需功率越大；

（3）风机的允许调节范围（经济使用范围）很小。

轴流式通风机多用在炎热的车间或卫生间中作为排风的设备，由于它产生的风压较小，只能用于无需设置管道的场合以及管道的阻力较小的通风系统，而离心式通风机往往用在阻力较大的系统中。

在实际应用中选择风机时，首先要选用低噪声风机，有条件时可采用变速风机，以减少运行费用。

五、风帽

为了防止雨水、雪、杂质等进入排气管或利用室外空气流速在排气口处进行自然通风，在机械及自然排气中用钢板作排气管时均应设风帽。

图 7-14 所示圆伞形风帽适用于一般的机械排气系统。

图 7-15 所示锥形风帽适用于除尘系统及非腐蚀性有毒系统。

图 7-16 所示筒形风帽适用于自然通风系统。

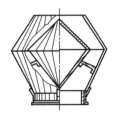
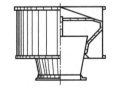

图 7-14　圆伞形风帽　　　　　图 7-15　锥形风帽　　　　　图 7-16　筒形风帽

六、除尘器

在一些机械排风系统中，排出的空气中往往会有大量的粉尘，如果直接排入大气，就会使周围的空气受到污染，影响环境卫生和危害居民健康，因此必须对排出的空气进行适当净化，净化时还能够回收有用的物料。除掉粉尘所用的设备称为除尘器。

按照除尘主要作用机理，除尘器可分为机械式除尘器、过滤式除尘器、湿式除尘器和静电除尘器等。

（1）机械除尘器　包括重力沉降室、旋风除尘器和惯性除尘器等。这类除尘器的特点是结构简单、造价低、维护方便，但除尘效率不高，往往用于多级除尘系统中的前级预除尘。

（2）过滤式除尘器　包括袋式除尘器和颗粒层除尘器等。其特点是除尘效率高，但阻力较大，维护不方便。一般用作第二级除尘器。

（3）湿式除尘器　包括低能湿式除尘器和高能文氏管除尘器。其主要特点是用水作除尘介质，除尘效率高，所消耗的能量也高，且有污水产生，还需要对污水进行处理，且对憎水性粉尘不适用。

（4）静电除尘器　又称电除尘器，有干式电除尘器和湿式电除尘器等。其特点是除尘效率高，消耗动力少；缺点是耗钢材多、投资大、制造、安装及运行管理要求高。

在实际的除尘器中，往往综合了几种除尘机理的共同作用，例如卧式旋风除尘器中，既有离心力的作用，也有冲击和洗涤作用。评价除尘器工作的主要性能指标是除尘效率。

第三节　空调系统及其分类

随着生产的发展和人民生活水平的提高，人们对空气环境提出了更高的要求。为了满足人体舒适的需要，应使空气的温度、湿度保持在一定范围内，以获得冬暖夏凉的舒适环境。有些生产工艺过程不仅要求生产环境应恒温、恒湿，而且对空气清洁程度也有极严格的规定。

空气调节（简称空调）就是指为满足人们生活、生产或工作需要，改善环境条件，用人工的方法对空气进行加热、冷却、加湿、干燥和过滤，然后将其输送到各个空调房间，使室内空气"四度"（即温度、相对湿度、洁净度和气流速度）参数达到一定的要求的技术。可以说，空气调节是通风的高级形式。为满足上述要求所采用的一系列设备、装置的总体，称为"空调系统"。

一、空气调节系统的分类

（1）根据空气的处理设备的分布情况，空气调节系统可以分为集中式空气调节系统和分散式空气调节系统两大类。

集中式空气调节系统按负担热湿负荷所用的介质又可分为全空气式空气调节系统和水-空气式空气调节系统；全空气式系统里面按风量是否恒定分为定风量式系统和变风量式系统；定风量式系统包括单风管和双风管系统；水-空气式系统分为风机盘管＋新风系统和诱导器式系统。

集中式空调系统的特点是所有的空气处理设备，包括风机、水泵等设备都集中在一个空气调节机房内。处理后的空气经风管输送到各空调房间。这种空调系统处理空气量大，需要集中的冷源和热源，运行可靠，便于管理和维修，占地面积较大。

分散式空气调节系统分为窗式空调机式系统、分体空调机式系统、柜式空调机式系统和各种户用热泵式系统四类。这种系统的特点是所有空气处理设备全部分散地设置在空气调节房间中或邻室内，没有集中的空调机房。在各房间中分散设置的空气处理设备，一般都集中在一个箱体内，组成空调机组。分散式空调系统的主要优点是使用灵活，安装简单，节省风管。

（2）按处理空气的来源可将空调系统分为全新风式空气调节系统，新、回风混合式空气调节系统和全回风式（也叫封闭式）空气调节系统三类。

全新风式空气调节系统的空气全部来自室外，经处理后送入室内，吸收余热、余湿，然后全部排至室外。这种系统主要用于不允许采用回风的房间，如产生有毒气体的车间等。

新-回风混合式系统中的空调送风，一部分来自室外新风，另一部分利用室内回风。其特点是在能保证房间卫生环境要求的前提下，可有效地减少能耗。由于该系统利用了一部分回风，设备投资和运行费用都比全新风式系统大为减少，是一种应用最广泛的空调系统。

全回风系统所处理的空气全部来自空调房间，而不补充室外空气，这种系统卫生条件差，耗能量低。

空调系统分类如下所示：

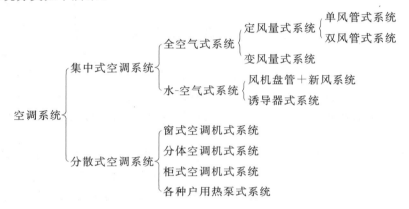

二、集中式空调系统的组成

如图 7-17 所示为一种集中式空调系统，它的特点是所有空气处理设备如过滤器、加热、加湿、冷却器及通风机等都集中设置在一个专用的空调机房内，空气经过处理后，由风管送入各空调房间。

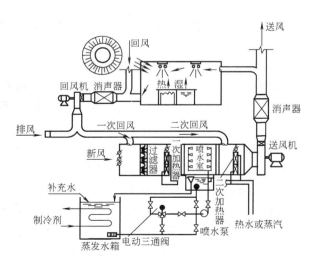

图 7-17　集中式空调系统

由图中可以看出，室外新鲜空气（新风）和来自空调房间的一部分循环空气（回风）进入空调机房，经混合后进行过滤除尘、加热（或冷却）、加湿（或去湿）等处理，达到符合要求的空调送风状态后由送风机经送风管送至各空调房间，送入的空气由设在空调房间上部的送风口送入室内；回风口设在房间的下部，空气由回风口进入回风管，通过回风机和回风管，一部分排出室外，另一部分回到空调机房循环使用。

为了减少处理空气的能量消耗，应尽量减少室外进风，而利用一部分室内回风，根据利用回风的程度不同，集中式空调又可以分为全新风、全回风、混合式三种类型。

无论是哪一种形式，集中式空调系统都是由以下几部分所组成的：

（1）空气处理部分　集中式空调系统的空气处理部分是一个包含各种处理设备的空气处理室，它可以按设计图纸在施工现场建造，其外壳多为砖制或钢筋混凝土结构，也可选用工厂制造的定型产品，外壳是钢板制成。里面的空气处理设备主要有过滤器、喷雾室和加热器等。这些处理设备对空气进行净化和热、湿处理，可将空气由室外新风状态处理成空调房间所需要的送风状态。

（2）空气输送部分　这部分主要包括送风机和排（回）风机、风管系统及风量调节装置。其作用是把已处理成送风状态的空气有效地输送到各空调房间里，并且从房间里排出相当于室内状态的空气。

（3）空气分配部分　这部分主要包括设置在不同位置的各类送风口和排风口，其作用是合理地组织室内的气流，保证空调房间内工作区的空气状态均匀，并能使气流速度对人或生产没有不良影响。

（4）运行调节部分　在室内各种干扰因素（室外气象参数和室内的散热量、散湿量等）发生变化时，为保证室内空气参数不超过允许的波动范围，须相应地调节对送风的处理过程或调节送入室内的空气量，运行调节部分就是为完成这一系列过程的手动或自动控制装置。

除了上面四个组成部分外，集中式空调系统还应有为空气处理部分服务的冷源、热源及输送冷热媒的管路系统。

集中式空调系统的空气处理设备集中、处理风量多、服务面积大，适用于室内温度基数、洁净要求、单位送风量的热、湿耗量和使用时间基本一致的空调房间。

三、诱导式空调系统和风机盘管式空调系统

这两种集中空调系统除有集中在空调机房的空气处理设备外，还有分散在空调房间里的空气处理设备，它们可以对室内空气进行就地处理或对来自集中处理设备的空气再进行补充处理，又称为混合式系统。它们兼有集中式与局部式空调系统的优点，既减轻了集中处理室和风管的负荷，又可以满足用户对不同空气环境的要求。

诱导式空调系统是以诱导器作为末端装置的一种集中式空调系统，如图 7-18 所示。诱导器是以集中处理后的空气（一次风）作为动力，诱导室内空气（二次风）循环，同时

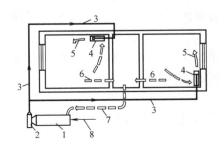

图 7-18　诱导式空调系统
1—集中空气处理室；2—送风机；3—
送风管；4—诱导器；5—送风；6—
回风；7—回风管；8—室外新风

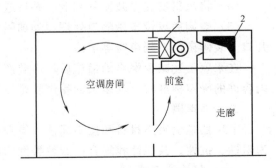

图 7-19　风机盘管空调系统
1—风机盘管；2—新风管

对空气进行加热或冷却处理。该系统由空气处理室、送风机、风管诱导器组成。诱导器是设置在空调房间内的局部处理和送风设备。

诱导式系统的风机是集中设置的,风机要经常运转,故灵活性较差,消耗电能多。如果采用风机盘管就可解决这一问题。所谓风机盘管就是由风机和冷、热盘管组成的机组,可将它布置于窗下,或悬挂在顶棚下或暗装于顶棚内,如图7-19所示。只要风机转动,就能使室内空气循环,并通过盘管冷却或加热,以满足房间的空调要求。因冷、热媒是集中供应的,所以是一种半集中式系统。

风机盘管式空调系统具有布置灵活、占用建筑空间小,单独调节性能好、各房间空气互不串通,能避免相互污染等优点。风机盘管加新风系统的空气调节系统能够实现居住者的独立调节要求,特别适用于旅馆客房、公寓、医院病房、大型办公楼建筑,同时,又可与变风量系统配合使用在大型建筑的外区。

第四节　通风空调系统的消声和防振

在空调系统中,除了有通风机噪声由风管传入室内外,设备的振动和噪声也可能通过建筑结构传入室内。因此,当空调房间要求比较安静时,空调装置除了应满足室内的"四度"标准外,还应有消除噪声的有关措施,其中重要的手段之一就是通风空调系统的消声和设备的防振。

一、噪声的消除

消声措施主要包括两个方面:一是设法减少噪声的产生;二是必要时在系统中设置消声器。为减少噪声的产生,可采取下列措施:

(1)选用低噪声形式并且转数和叶轮圆周速度都比较低的风机,并尽量使其工作点接近最高效率点;

(2)电动机与风机的传动方式应优先选用直联,其次是联轴器传动和三角皮带传动;风机布置时应保持风机入口气流均匀,在出口直管段1m以内不宜设阀门等附件;

(3)适当降低风管中的空气流速,有一般消声要求的系统,主风管中的流速不宜超过8m/s;有严格消声要求的系统不宜超过5m/s;

(4)将风机安装在减振基础上,并且进、出口与风管之间采用弹性连接(软接);

(5)空调通风设备做隔声处理,如加隔声罩、在设备壳体内衬吸声材料、在机房对外开口上装隔声门、隔声窗等措施。

在采取上述减少噪声的措施后,声源产生的噪声量扣除噪声自然衰减值,仍然超过室内容许的噪声标准时,其多余的噪声就是由消声器来负担的消声量。

二、消声器

消声器是由吸声材料和按不同消声原理设计的外壳所构成。根据消声原理的不同可分为阻性、抗性、共振性和复合性四种类型的消声器。

(一)阻性消声器

这是采用多孔松散材料来消耗声能降低噪声的消声器,当声波进入消声器时,吸声材料将使一部分声能转化为热能被吸收掉。目前广泛应用于消声器的吸声材料有超细玻璃棉、开孔型的聚氨酯泡沫塑料、微孔吸声砖等。

常见的阻性消声器有管式、片式、蜂窝式、折板式、迷宫式和声流式等结构形式，如图 7-20 和图 7-21 所示。

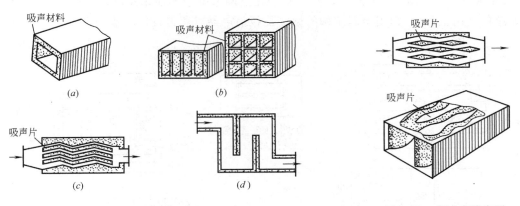

图 7-20　几种阻性消声器　　　　　　图 7-21　声流式消声器

（a）管式；（b）片式及蜂窝式；（c）折板式；（d）迷宫式

阻性消声器对于中、高频的噪声有良好的消声性能（特别是对刺耳的高频噪声有突出的消声作用），但对低频噪声的消声效果较差。

（二）抗性消声器

这种消声器又称膨胀式消声器，是由小室和管道相连而构成，如图 7-22 所示。它是利用管道内截面的突变，使沿管道传播的声波向声源方向反射回去，而起到消声作用。抗性消声器对低频噪声具有较好的消声效果，它构造简单，造价低，但气流阻力较大，而且一般要管截面变化 4 倍以上（甚至 10 倍）才较为有效，所以在空调工程中，抗性消声器的应用常受到机房面积和空间的限制。

（三）共振性消声器

图 7-23 为共振性消声器的结构示意图，它通过管道开孔与共振腔相连，穿孔板小孔孔颈处的空气柱和空腔内的空气构成了一个共振吸声结构。当外界噪声的频率和共振系统的固有振动频率相同时，将引起小孔处空气柱的强烈共振，空气柱与孔壁发生剧烈摩擦而消耗掉声能。

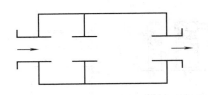

图 7-22　抗性消声器示意图

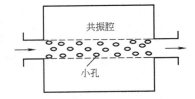

图 7-23　共振性消声器结构示意图

这种消声器对噪声的频带有强烈的选择性，也就是在较窄的噪声频带范围内有较好的消声效果，常用来消除某些声源的低频部分。

（四）复合式消声器

复合式消声器又称宽频带消声器。这种消声器集中了上述三种（阻性、抗性和共振性）消声器的优点，而弥补了单独使用时的不足，也就是从低频到高频范围内都具有良好的消声效果。图 7-24（a）为这种消声器的构造，利用类似原理装在圆风管上的这种消声器可做成图 7-24（b）的形式。此外，对于在空调系统中不能采用纤维性吸声材料的场合（如净化空调工程），则用金属结构的微穿孔板消声器可获得良好的效果。

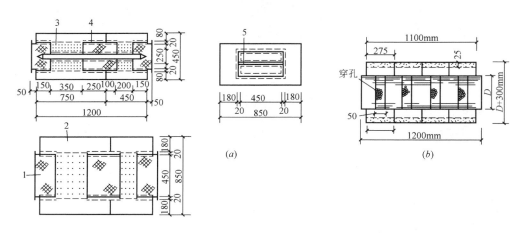

图 7-24　复合式消声器

1—外包玻璃布；2—膨胀室；3—0.5mm 厚钢板，ϕ8 孔占 80%；

4—木框外包玻璃布；5—内填玻璃棉

复合式消声器对于低频和部分中频噪声的降低，是利用管道截面突变的抗性消声原理，以及腔面构成的共振吸声来达到，对高频及大部分中频噪声的降低，则是利用多孔吸声材料来吸收掉。

（五）其他形式的消声器

除了以上介绍的四类消声器外，还有其他通风构件的消声器，例如消声弯头和消声静压箱。

（1）消声弯头　当因机房面积窄小而难以设置消声器，或需对原有建筑物改善消声效果时，可采用消声弯头。它有两种做法，一种是在弯头的内表面贴上吸声材料即可，如图 7-25（a）所示；另一种是改良的消声弯头，弯头外缘由穿孔板、吸声材料和空腔组成，如图 7-25（b）所示。

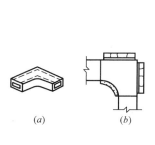

图 7-25　消声弯头

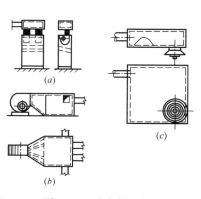

图 7-26　消声静压箱

（2）消声静压箱　在风机出口处或在空气分布器前设置静压箱并贴以吸声材料，就成了消声静压箱，它既可以稳定气流又起到了消声器的作用，如图 7-26 所示。

三、通风空调装置的减振

通风空调系统的噪声除了通过空气传播到室内外，还能通过建筑物的结构和基础进行传递。系统中的风机、水泵、制冷压缩机等设备运转时，会由于转动部件的质量中心偏离转轴中心而产生振动，该振动传给其支承结构（基础或楼板），并以弹性波的形式从设备基础沿建筑结构传到其他房间，又以噪声的形式出现，这种噪声称为固体声。当振动影响某些工作的正常进行或危及建筑物的安全时，需采取减振措施。包括设备减振和管道的隔振。

减振措施一般可以采用以下两种：

（1）减振台座　减振台座通常采用钢筋混凝土预制件（包括"平板"型和"T"形）或型钢架，其尺寸按满足设备安装（包括地脚螺栓长度）要求确定。

（2）减振器　目前所用的减振器有金属弹簧减振器、空气弹簧减振器、橡胶剪切型减振器和橡胶隔振垫四种，每个设备所配的减振器数量宜为 4 个，最多不应超过 6 个，且每个减振器的受力及变形应均匀一致。

冷水机组等重量较大的设备，可以不设减振台座，设备直接设于减振器之上。空调机组可直接采用橡胶隔振垫隔振。

第五节　通风与空调施工图

一、通风空调平面图及剖面图

通风空调工程的平面图，除房屋建筑的平面轮廓外，主要表明通风管道、设备的平面布置，按本层平顶以下俯视绘出。一般包括以下内容：

（1）工艺设备、通风空调设备及附件如电动机、送风口、空调机组、调节阀门的定位尺寸、编号标注，并列表说明相应编号的名称、型号、规格。

（2）通风管、异径管、弯头、三通或四通管接头。风管及附件用双线表示；矩形风管的截面尺寸标注"宽×高"；圆形风管标注直径"ϕ"；设备、管道的定位尺寸根据离墙面或建筑轴线的距离注写（见图 7-27），风管长度不标注。

（3）三通调节阀、对开多叶调节阀、送风口、回风口等均用图例表示，并用带箭头的符号表明进出口空气流动的方向。

（4）两个以上的进、排风系统或空调系统，都应分别有系统编号。

（5）多根风管在平面图、剖面图上重叠时，如果为了表现下面或后面的风管，可将上面或前面的风管用折断线断开，断开处应注有相应的文字。

在剖面图上，应注明地面、楼面的标高，设备的定位尺寸、标高，风管尺寸、标高，圆形风管标注中心线标高。为安装方便，通常使风管管底保持水平，风管标高以底标高为准。剖面图尺寸标注如图 7-28 所示。

二、通风空调轴测图

通风空调系统的轴测图，有单线和双线两种。单线系统轴测图是用单线表示管道（风管和水管），而空调器、通风机等设备仍画成简单外形。双线系统轴测图是把整个系统的

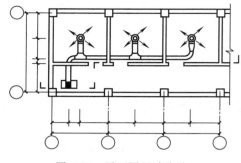

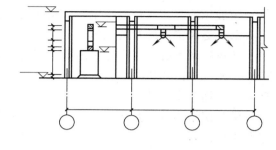

图 7-27　平面图尺寸注法　　　　　　　　图 7-28　剖面图尺寸注法

设备、管道及配件都用轴测投影的方法画成立体形象的系统图。它比较形象,管道形状能清楚表达,但绘制工作量大。非特别要求,可不画双线系统轴测图。

在系统轴测图中,要注明系统的编号、主要设备、附件的图例和编号、管道的截面尺寸和标高、管道的坡度与坡向。有的为了便于系统试运行,还需标注出送风口的风速和风量。

复 习 思 考 题

1. 通风的意义是什么?
2. 根据动力不同,通风系统可以分为哪两种?
3. 自然通风中房间内的空气流动是靠什么实现的?
4. 什么是机械通风?什么是送风系统?什么是排风系统?
5. 什么是全面通风?什么是局部通风?
6. 送风系统和排风系统一般由哪几部分组成?各部分的作用是什么?
7. 通风系统中常用的风机分为哪两种?各自的工作原理是什么?
8. 在机械排风系统中设置除尘器的意义是什么?
9. 常用的除尘器有哪些?
10. 空气调节的任务是什么?
11. 什么是衡量空气环境的"四度"?
12. 根据空气的处理形式,空调系统可以分为哪几类?各自有什么特点?
13. 集中式空调系统有哪几种类型?
14. 集中式空调系统由哪几部分组成?
15. 常用的局部式空调系统有哪些?
16. 半集中式空调系统有哪两种形式?
17. 为什么要对通风空调系统进行消声和设备防振?
18. 消声器分为哪几种?
19. 通风空调系统的减振方法是什么?

第八章 电 气 照 明

第一节 电气照明基本知识

电气照明是通过照明电光源将电能转换成光能,在缺乏自然光的工作场所或工作区域内,创造一个明亮的环境,以保证生产、生活和学习的需要。合理的电气照明对于保证安全生产、改善劳动条件、提高劳动生产率、减少生产事故、保证产品质量、保护视力及美化环境都是必不可少的。电气照明以光学为基础,这里首先介绍一些与照明质量有关的几个光学物理量。

一、基本概念

(一)光通量

由于人眼对不同波长的可见光具有不同的灵敏度,如对黄绿光(波长 555nm)最敏感。人们比较几种波长不同而辐射能量相同的光时,会感到黄绿光最亮,而波长较长的红光与波长较短的紫光都暗得多,因此不能直接以光源的辐射功率这个客观量来衡量光能量,而要采用以人眼对光的感觉量为基准的基本量——光通量来衡量。光源在单位时间内向周围空间辐射出去的,并能使人眼产生光感的能量,称为光通量,以符号 ϕ 表示,单位为流明(Lm)。在光学中以人眼最敏感的黄绿光为基准规定:波长为 555nm 的黄绿光的单色光源,其辐射功率为 1W 时,则它所发出的光通量为 680Lm。额定电压为 220V、额定功率为 25W 的白炽灯,光通量为 191Lm,而 220V,1000W 的白炽灯,光通量为 1000Lm。

(二)照度

照度是表示物体被照亮程度的物理量。当光通量投射到物体表面时,可以把物体照亮,因此,对于被照面,常用落在它上面的光通量的多少来衡量它被照射的程度。投射到被照物体表面的光通量与该物体被照面积的比值,即单位面积上接收到的光通量称为被照面的照度,以符号 E 表示,单位为勒克斯(lx):

$$E = \frac{\phi}{S}$$

式中 E——照度,lx(勒克司);

$\quad\quad S$——受照面积,m^2;

$\quad\quad \phi$——投射到物体表面的光通量,Lm。

在夏季阳光强烈的中午,地面照度约为 50000lx;在冬季的晴天,地面照度约为 2000lx;而在晴朗的月夜,地面照度约为 0.2lx。对于不同的工作场所,根据工作特点和对保护视力的要求,国家规定了必要的最低照度值。

(三)反射率(ρ)

当光通量投射到被照面后，一部分被反射，一部分透过被照面，一部分则为被照面所吸收。这就是在相同的照度下，不同物体有不同亮度的原因。

被物体反射的光通量 ϕ' 与射向物体的光通量 ϕ 之比，叫做反射率或反射系数 ρ，即

$$\rho = \phi'/\phi$$

反射率与被照面的颜色和光洁度有关，若被照面的颜色深暗，表面粗糙或有灰尘，则反射的光通量就少，反射率就小。所以，为了达到同样的照度，电气照明设计时，就要增加光源。

（四）光源的显色性能

同一颜色的物体在具有不同光谱的光源照射下，呈现不同的颜色。光源对被照物体的显色性能，称为"显色性"。显色性用显色指数 R_a 表示，日光的显色指数定为100。

二、照明的方式和种类

（一）照明的方式

1. 一般照明

一般照明是指在工作场所内不考虑局部的特殊需要，为照亮整个场所而设置的照明。这种照明方式，适用于工作位置密度很大而对光照方向又无特殊要求，或工艺上不适宜装设局部照明装置及工作位置不固定的场所，比如观众厅、会议厅、办公厅等。这种照明方式的特点是光线分布比较均匀，能使空间显得明亮宽敞。

2. 分区一般照明

分区一般照明仅用于需要提高房间内某些特定工作区的照度时。

3. 局部照明

局部照明是为了满足室内某一局部工作部位的照度要求，在工作部位附近设置的固定或移动照明。其特点是能为特定的工作面提供更为集中的光线，并能形成有特点的气氛和意境。客厅、书房、卧室、餐厅、展览厅和舞台等使用的壁灯、台灯、投光灯等，都属于局部照明。

局部照明的应用场合有：局部需要有较高的照度；由于遮挡而使一般照明照射不到的某些范围；视觉功能降低的人需要有较高照度时；需要减少工作区的反射眩光；为加强某方向光照以增强质感时。

4. 混合照明

是由一般照明和局部照明共同组成的照明方式。对于工作位置需要较高照度并对照射方向有特殊要求的场所宜采用混合照明。混合照明的优点是可以在工作平面、垂直或倾斜表面上、甚至工作的内腔里，获得高的照度，易于改善光色，减少装置功率和节约运行费用。这种照明方式在装饰与艺术照明中应用很普遍。

（二）照明的种类

按照照明的功能，可将照明分为正常照明、应急照明、值班照明和特殊照明等几种。

1. 正常照明

在正常情况下，要求能顺利地完成工作、保证安全通行和能看清周围的物体而设置的照明，称为正常照明。正常照明可采用一般照明、局部照明和混合照明三种方式。一般照明可单独使用，也可与应急照明、值班照明同时使用，但控制线路必须分开。

2. 应急照明

应急照明（也叫事故照明）包括备用照明、疏散照明和安全照明。

（1）备用照明。是指正常照明失效时，为继续工作或暂时继续工作而设置的照明。备用照明（不包括消防控制室、消防水泵房、配电室、自备发电机房等场所）的照度不宜低于一般照明照度的10％。

（2）疏散照明。是指为了使人员在火灾情况下，能从室内安全撤离至室外或某一安全地区而设置的照明。疏散照明的地面水平照度不应低于0.5lx。

（3）安全照明。是指正常照明突然中断时，为确保处于潜在危险的人员安全而设置的照明。

3. 值班照明与特殊照明

照明场所在无人工作时所保留的一部分照明，称为值班照明。可以利用正常照明中能单独控制的一部分，或利用事故照明的一部分或全部作为值班照明。值班照明应该有独立的控制开关。

其他特殊照明包括警卫照明、景观照明、障碍照明、返光照明、定向照明、立体照明等。

警卫照明是指用于警卫地区周围附近的照明。一般沿警卫线装设。

障碍照明就是在飞机场周围较高的建筑或有船舶通行的航道两侧的建筑物上装设的照明，应按民航和交通部门的有关规定执行。

第二节　照明电光源与照明器

一、电光源

凡可以将其他形式的能量转换为光能，从而提供光通量的设备、器具统称为光源，而其中可以将电能转换为光能，从而提供光通量的设备、器具则称为电光源。

（一）电光源的分类

电光源可按其工作原理分为以下两类：

（1）热辐射光源　利用电流的热效应，把具有耐高温、低挥发性的灯丝加热到白炽程度而产生可见光。常用的热辐射光源有白炽灯、卤钨灯等。

（2）气体放电光源　利用电流通过气体（蒸汽）时，激发气体（或蒸汽）电离和放电而产生可见光的光源，如荧光灯、荧光高压汞灯、高压钠灯、金属卤化物灯等。

（二）照明常用电光源

电光源问世以来，已经历了三代，品种繁多，功能各异，这里介绍一些照明常用的电光源。

1. 白炽灯

照明工程中，白炽灯是常用的设备。它虽是第一代电光源，但因其有价格便宜、结构简单、启动迅速、便于调光、应用范围广等优点，仍被广泛采用。

普通白炽灯是住宅、宾馆、商店等照明的主要光源，一般有梨形、蘑菇形玻壳。玻壳大都是透明的，也有磨砂及涂乳白色的，目前国外采用乳白色灯泡的发展趋势很快。

白炽灯的缺点是光效低，输入白炽灯的电能只有20％以下转化为光能，80％以上转化为红外线辐射能和热能，发光效率不高。

2. 卤钨灯

卤钨灯是在白炽灯的基础上改进而得。主要由电极、灯丝、石英灯管组成。常用的卤钨灯有碘钨灯和溴钨灯。

卤钨灯的特点是寿命较长，最高可达 2000h，平均寿命 1500h，是白炽灯的 1.5 倍，发光效率较高，光效可达 10～30lm/W；显色性好。

卤钨灯与一般白炽灯比较，其优点是体积小、效率高、功率集中，因而可使照明灯具缩小，便于光控制。使用于体育场、广场、会所、厂房车间、机场、火车、轮船、摄影等场所。

近年来出现了小型低功率卤钨灯，其中最突出的就是小型卤钨冷光灯，又称 MR 灯。

白炽灯点燃时的高温使其钨丝不断蒸发，不仅使灯泡的透明度变坏，同时也使灯丝寿命缩短。卤钨灯是对白炽灯的改进，因此，也属于第一代电光源。但卤钨灯比普通白炽灯光效高，寿命长，同时可有效地防止泡壳发黑，光通量维持性好。

3. 荧光灯

为提高发光效率，在 20 世纪 30 年代。有一种新型电光源问世，称为荧光灯，它是第二代电光源的代表。荧光灯具有光色好、光效高、寿命长、光通分布均匀，表面亮度低和温度低等优点，广泛应用于各类建筑的室内照明中，并适用于照度要求高和长时间进行紧张视力工作的场所。荧光灯的组成部分包括荧光灯管、镇流器和启动器。

荧光灯应用广、发展快、类型繁多。其中直管型荧光灯作为一般照明用其产量和使用量均是最大的。直管荧光灯的品种很多，例如日光色荧光灯，冷白色、暖白色、三基色荧光灯。还有彩色荧光灯，它们采用不同的荧光粉，可以分别发出蓝、绿、黄、橙、红色光，用作装饰照明或其他特殊用途。

近年来出现了一种新型的直管荧光灯，与普通荧光灯相比，其直径下降了 32%，只有 26mm，性能上也有了较大的改进。由于改用细管，荧光灯的光敏度提高了 5%，管内充入氪气，使同规格的荧光灯细管的消耗电功率比普通管低 10%，新型荧光灯采用高效荧光，使光效又提高了 20%，电极灯丝采用三螺旋钨丝，并在灯管两端加装了防止灯管发黑的内防护环，从而使新型荧光灯的寿命比普通荧光灯延长了 30%。

另外一种荧光灯类型是紧凑型荧光灯称为节能灯，是近年来发展迅速的光源。已经采用的外形有：双 U 形、双 D 形、H 形等。由于这些灯管具有体积小、光效高、造型美观，又常制成高显色暖色调荧光灯，灯头做成螺口式，可与白炽灯座共用，有逐步代替光效差的白炽灯的趋势。

4. 高压汞灯

又称为高压水银灯，由它的内管的工作气压为 1～5 个大气压而得名。其发光原理和荧光灯一样，只是构造上增加一个内管，外形和金属卤化物灯一样。如图 8-1（a）所示。

高压汞灯的主要优点是发光效率高、寿命长、省电、耐振，广泛用于街道、广场、车站、施工工地等大面积场所的照明。

高压汞灯按结构不同，可分为自镇流和外镇流两种；按玻璃外壳的构造不同分为普通型和反射型两种。

5. 金属卤化物灯

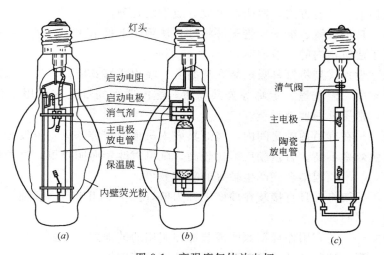

图 8-1　高强度气体放电灯

(a) 荧光高压汞灯；(b) 金属卤化物灯；(c) 高压钠灯

金属卤化物灯是近几年来研制出的一种新型光源。是第三代电光源。见图 8-1 (b)。它是在高压汞灯的放电管内添加一些金属卤化物（如碘、溴、钠、铬、钢、镉、铁等金属化合物），光色很好，接近自然光，光效比高压汞灯更高。其优点是光效高、光色好，适用于电视摄影、印染、体育馆及需要高照度、高显色性的场所。

其工作原理与高压汞灯相仿，内部充以碘化钠、碘化沱、碘化铟的灯泡称"钠沱铟灯"，充以碘化锡、氯化锡的称"卤化锡灯"，除氯化锡灯光效为 50～60Lm/W 外，其余灯的光效均在 100Lm/W 左右。

6. 高压钠灯

高压钠灯是利用钠蒸汽放电的气体放电灯，它具有光效高、耐振、紫外线辐射小、寿命长、透雾性好、亮度高等优点。适合需要高亮度和高光效的场所使用，如交通要道、机场跑道、航道、码头等场所的照明用。

高压钠灯由灯头、玻璃外壳、陶瓷放电管、双金属片和加热线圈等主要部件组成。如图 8-1 (c) 所示。

7. 低压钠灯

低压钠灯是基于在低气压钠蒸汽放电中钠原子被激发而发光的原理制成的，是以波长为 589mm 的黄光为主体，在这一谱线范围内人眼的光谱效率很高，所以低压钠灯光效很高，可达 150Lm/W 以上。

低压钠灯的寿命约 2000～5000h，点燃次数对灯寿命影响很大，并要求水平点燃，否则也会影响寿命。

二、照明器

照明器是根据人们对照明质量的要求，重新分布光源发出的光通，防止人眼受强光作用的一种设备。包括光源、控制光线方向的光学器件（反射器、折射器）、固定和防护灯泡以及连接电源所需的组件和供装饰、调整和安装的部件等，是指光源和灯具的总称。灯具的主要作用就是固定和保护电光源，并使之与电源安全可靠的连接；合理分配光输出；装饰、美化环境。

按照在建筑物上的安装方式，照明器可以分成下面几种：

（1）悬挂式　是用软线、链子、管子等将灯具从顶棚上吊下来的方式。这种照明器离工作面近，常用于建筑物内的一般照明。

（2）吸顶式　吸顶式是将灯具吸贴装在顶棚上。吸顶式灯具应用广泛，如吸顶安装的裸灯泡，常用于厕所、盟洗室、走廊等公共场所，配用适当的灯具则可用于各种室内场合，为防止眩光，常用乳白玻璃吸顶灯。

（3）嵌入式　是在有吊顶的房间内，将灯具嵌入吊顶内安装，只露出发光面，一般来说顶棚较暗，照明效率不高。若顶棚反射比较高，则可以改善照明效果。这种安装方式可以消除眩光作用，与吊顶相结合能产生较好的装饰效果。

（4）壁式　用托架将灯具直接装在墙壁上称为壁灯。主要用于室内装饰，兼作加强照明，是一种辅助性照明。

除上述几种之外，还有用作局部照明或装饰照明用的落地式和台式灯具。以上所介绍的灯具均属于普通型，除此之外，还有适应特殊环境的特殊灯具。

（1）防潮型：将光源用透光的玻璃罩密闭起来（有密封衬垫），使光源与外界环境隔离。如防潮灯、防水防尘灯等。它适用于浴室、潮湿的车间以及露天广场等照明。

（2）防爆安全型：它是采用较高强度的透光罩和灯具外壳，将光源与周围环境严密隔离的一种照明器。它适用于不正常情况下有可能形成爆炸危险的场所。

（3）隔爆型：隔爆型灯具不是靠密封性防爆，而是有隔爆间隙，当气体在灯内部发生爆炸经过间隙逸出灯外时，高温气体即可被冷却，从而不会引起外部爆炸性混合物的爆炸。灯的部件、外壳透光罩等均用高强度材料制成，它应用于有可能发生爆炸的场所。

（4）防腐蚀型：将光源封闭在透光罩内，不使腐蚀性气体进入灯内，灯具外壳用耐腐蚀的材料制成。

三、发展趋势

随着电光源工业的发展，新的高效节能光源的出现，对各种照明场所、照明原理的深入研究、新的作业场所的出现，新技术和新工艺的使用，新型灯具不断出现，给灯具工业的发展提供了有利的条件。国际上近年来发展趋势为：

（1）大力发展节能照明灯具。使灯具体积更小，效率更高。

（2）开发新的照明场所所需的灯具，如现代化办公室照明、新的作业面的照明、室内墙面和顶棚上均匀照明用的各种灯具。

（3）改善灯具的照明质量，如块板灯具、格栅灯具、棱晶灯具等。

（4）特种应用灯具，如紫外线、红外线灯具，应用于工农业、医疗保健、国防军事等场所。

（5）应用电子学技术，开发灯用附件，以集成元件做的电子整流器、电子调光器、电子启辉器等。

（6）应用高新技术开发新灯具，如可变光束颜色的投光灯等。

总之，照明器产品的总趋势是节能、高效、寿命长，控制电路电子化以及灯和控制电路整体化，向高技术、高难度、成套性强的方向发展，以适应现代智能建筑的需要。照明器的选用可查阅《灯具设计安装图册》以及各生产厂家的产品样本。

第三节　照明配电系统

一、照明供电系统的一般要求

建筑物照明供电，当负载电流不超过 30A 时，一般采用 220V 的单相二线制电源，否则应采用 380/220V 的三相四线制或三相五线制电源，以维持电网平衡和电气安全，接线时，负载被分配在各相上。

危险场所的照明一般采用 36V 及以下的安全电压。

事故照明电路有独立的供电电源，并与正常照明电源分开，或者事故照明电路接在正常照明电路上，后者一旦发生故障，借助自动换接开关，接入备用的事故照明电源。

工业建筑一般采用动力和照明合一的供电方式，但照明电源接在动力总开关之前，以保证一旦动力总开关跳闸时，车间仍有照明电源。

照明系统中，每一单相回路不宜超过 15A，灯具数量不宜超过 25 个，大型组合灯具每一单相回路不宜超过 25A，光源数量不宜超过 60 个。

插座应为单独回路，插座数量不宜超过 10 个（住宅除外）。

二、照明供电线路的组成

一般建筑物的照明供电线路主要由进户线、配电箱、配电线路以及开关、插座、用电器组成，它不仅负担照明供电，同时也是其他用电设备如家用电器的供电线路。

由室外架空供电线路的电杆上至建筑物外墙的支架，这段线路称为接户线。从外墙支架到总照明配电箱这段线路称为进户线。总照明配电箱至分配电箱的线路称为干线。分配电箱引出的线路称为支线。

配电箱是接受和分配电能的装置。用电量较小的建筑物可只设一个配电箱，对多层建筑可在某层设总配电箱，并由此引出干线向各分配电箱配电。在配电箱里，一般装有闸刀开关、熔断器、电度表等电气设备。

配电箱可选用成套产品，也可在现场制作安装。

配电箱的安装方式有明装和暗装两种。明装配电箱有挂墙式和落地式；暗装配电箱一般是埋设在建筑物的墙内。照明配电箱底边距地面一般为 1.5m。

三、照明配电系统的布置方式

常用的照明配电系统，有放射式、树干试、链式和混合式，如图 8-2 所示。

（1）放射式照明配电系统　从总配电箱至各分配电箱，均由独立的干线供电。总配电箱的位置，按进户线要求，可选择在最低层数，一般多设在地下室或一、二层内。这种方式的优点是各个分配电箱独立受电，当其中一个分配电箱发生故障时，不致影响其他分配电箱的供电，提高了供电可靠性，其缺点是耗用的管线较多，工程投资增大。适用于比较重要的负荷或大容量负荷的供电及要求供电可靠性高的建筑物。如图 8-2（a）所示。

（2）树干式照明配电系统　如图 8-2（b）所示。由总配电箱引出的干线上连接几个分配电箱。一般每组供电干线可连接 3～5 个分配电箱。这种方式供电的可靠性较放射式差，但节省了管线及有关设备，降低了工程投资。一般多用于供电可靠性要求不太高的场所。

（3）链式照明配电系统　如图 8-2（c）所示。它是树干式的一种特殊形式，具有树干式同样的特点。此外，考虑到线路敷设的方便，以及可靠性的要求，一般链接的分配电箱

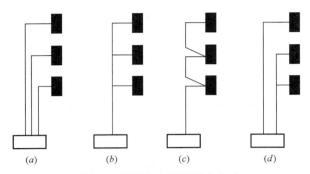

图 8-2　照明配电系统供电方式

(a) 放射式；(b) 树干式；(c) 链式；(d) 混合式

（或负荷）不超过 3～4 个，总的负荷容量也不宜超过 10kW。

（4）混合式照明配电系统　如图 8-2（d）所示。它是将树干式和放射式布置方式混合使用，或总体树干式、分支放射式，或总体放射式、分支树干式。常用于高层建筑中。

四、照明线路的敷设

室内照明线路的敷设，一般有明设和暗设两种。

（一）明设

明设线路是指将导线直接或穿于管子、线槽等保护体内，敷设于墙壁、顶棚的表面、桁架或支架等处。这种敷设方式的优点是：造价低、施工方便、易于维修，缺点是电线绝缘易受有害气体的腐蚀，也易受机械损伤而发生事故，同时也不够美观。明设线路的敷设，有采用瓷夹板、瓷珠、木槽板、铝卡钉、塑料槽板、塑料线槽、金属线槽、塑料管、钢管、电线管等多种配线方法，其中瓷夹板、瓷柱、木槽板等敷设方式现已不多采用。

（二）暗设

暗线敷设就是将导线穿于管子、线槽等保护体内，根据电气照明设计图的要求，敷设于墙壁、地坪、顶棚及楼板等内部或在混凝土板孔内敷设。其优点是：不影响建筑物的美观，防潮好，可以防止导线受到有害气体的腐蚀和机械损伤，使用年限也较长；缺点是需用大量的管材，安装费用较大，发生故障不易检修。暗敷设是目前民用建筑广泛采用的敷设方式，特别是在装饰要求较高的房间内更要求采用线路暗设。

暗线敷设有钢管、硬塑料管、半硬塑料管、波纹塑料管及暗装金属线槽等配线方法。

照明配电线路，多采用 BV 型铜芯聚氯乙烯绝缘导线。一般照明灯具线路采用 $1.5mm^2$ 截面，插座回路为 $2.5mm^2$ 截面。

第四节　防雷接地与安全用电

一、雷电的形成及其危害

（一）雷电的形成

雷电是由雷云（带电的云层）之间或雷云对地面建筑物及大地之间产生急剧放电的一种自然现象，它会对建筑物或设备产生严重破坏。因此，对雷电的形成过程及其放电条件应有所了解，从而采取适当的措施，保护建筑物不受雷击。

在天气闷热潮湿的时候，地面上的水受热变为蒸汽，并且随地面的受热空气而上升，在空中与冷空气相遇，使上升的水蒸气凝结成小水滴，形成积云。云中水滴受强烈气流吹袭，分裂为一些小水滴和大水滴，较大的水滴带正电荷，小水滴带负电荷。细微的水滴随风聚集形成了带负电的雷云；带正电的较大水滴常常向地面降落而形成雨，或悬浮在空中。由于静电感应，带负电的雷云，在大地表面感应有正电荷。这样雷云与大地间形成了一个大的电容器。当电场强度很大，超过大气的击穿强度时，即发生了雷云与雷云之间或雷云与大地之间的放电，就是一般所说的雷击。

（二）雷电的危害

雷电的破坏作用基本上可以分为三类：

1. 直击雷

雷云直接对建筑物或地面上的其他物体放电的现象称为直击雷。雷云放电时，引起很大的雷电流，可达几百 kA，从而产生极大的破坏作用。雷电流通过被雷击物体时产生大量的热量，使物体燃烧。被击物体内的水分由于突然受热，急骤膨胀，还可能使被击物劈裂。所以当雷云向地面放电时，常常发生房屋倒塌、损坏或者引起火灾，发生人畜伤亡。直击雷的破坏最为严重。

2. 感应雷

感应雷击是雷电的第二次作用，即雷电流产生的电磁感应和静电感应作用。雷云在建筑物和架空线路上空形成很强的电场，在建筑物和架空线路上便会感应出与雷云电荷相反的电荷（称为束缚电荷）。在雷云向其他地方放电后，云与大地之间的电场突然消失，但聚集在建筑物的顶部或架空线路上的电荷不能很快全部泄入大地，残留下来的大量电荷，相互排斥而产生强大的能量使建筑物震裂。同时，残留电荷形成的高电位，往往造成屋内电线、金属管道和大型金属设备放电，击穿电气绝缘层或引起火灾、爆炸。

3. 雷电波侵入

当架空线路或架空金属管道遭受雷击，或者与遭受雷击的物体相碰，以及由于雷云在附近放电，在导线上感应出很高的电动势，沿线路或管路将高电位引进建筑物内部，称为雷电波侵入，又称高电位引入。出现雷电波侵入时，可能发生火灾及触电事故。

（三）建筑物防雷等级划分

建筑物的防雷等级，可按《建筑物防雷设计规范》（GB 50057—94）的规定，划分为第一类防雷建筑物、第二类防雷建筑物、第三类防雷建筑物；也可按行业标准《民用建筑电气设计规范》（JGJ/T 16—92）划分为一级、二级、三级防雷的建筑物，如以下 3 类：

1. 一级防雷的建筑物

此类建筑物是指具有特别用途的建筑物，如国家级会堂、办公建筑、大型博展建筑、特等火车站、国际航空港、通信枢纽、国宾馆、大型旅游建筑等。另外，国家重点文物保护的建筑物和构筑物以及超高层建筑物也属于此类。

2. 二级防雷的建筑物

此类建筑物指重要的或人员密集的大型建筑物，如部级和省级办公楼、省级大型会堂（场）、博展、体育、交通、通信、广播、商业、影剧院等建筑。另外，省级重点文物保护的建筑物和构筑物，19 层及以上的住宅建筑和高度超过 50m 的其他民用及工业建筑也属于此类。

3. 三级防雷的建筑物

不属于一类与二类，但根据当地情况确定需要防雷的建筑物称为三类防雷建筑物。按照我国对高层民用建筑物划分的标准，显而易见，有的高层建筑属一类防雷建筑，有的则属二类或三类防雷建筑。因此，对高层建筑的防雷，应区别对待，应按照相应的防雷类别，采用相应的防雷保护措施。

二、建筑物的防雷措施

建筑物是否需要进行防雷保护，应采取哪些防雷措施，要根据建筑物的防雷等级来确定。对于一、二类民用建筑，应有防直击雷和防雷电波侵入的措施；对于第三类民用建筑，应有防止雷电波沿低压架空线路侵入的措施，至于是否需要防止直接雷击，要根据建筑物所处的环境以及建筑物的高度、规模来判断。

（一）防直击雷的措施

防直击雷采取的措施是引导雷云对避雷装置放电，使雷电流迅速流散到大地中去，从而保护建筑物免受雷击。避雷装置由接闪器、引下线和接地装置三部分组成。

1. 接闪器

接闪器是专门用来接受雷电流的金属导体。接闪器的基本形式有避雷针、避雷带（线）、避雷网以及兼作接闪的金属屋面和金属构件（如金属烟囱、风管）等。

避雷针的针尖一般用镀锌圆钢或镀锌钢管制成。当针长 1m 以下时：圆钢直径大于等于 12mm，钢管直径大于等于 20mm；当针长 1～2m 时：圆钢直径大于等于 16mm，钢管直径大于等于 25mm；烟囱顶上的避雷针：圆钢直径大于等于 20mm，钢管直径大于等于 40mm。针体的顶端均应加工成尖形，并用镀锌或搪锡等方法防止其锈蚀。它可以安装在电杆（支柱）、构架或建筑物上，下端经引下线与接地装置焊接。

最可能被雷击的地方是屋脊、屋檐、山墙、烟囱、通风管道以及平屋顶的边缘等。在建筑物最可能遭受雷击的地方装设避雷带，可对建筑物进行重点保护。为了使对不易遭受雷击的部位也有一定的保护作用，避雷带一般高出屋面 0.2m，而两根平行的避雷带之间的距离要控制在 10m 以内。避雷带一般用 $\phi 8$ 镀锌圆钢或截面不小于 $50mm^2$ 的扁钢做成，每隔 1m 用支架固定在墙上或现浇的混凝土支座上。

避雷网相当于纵横交错的避雷带叠加在一起，它的原理与避雷带相同，其材料采用截面不小于 $50mm^2$ 的圆钢或扁钢，交叉点需要进行焊接。避雷网宜采用暗装。有时也可利用建筑物的钢筋混凝土屋面板作为避雷网。避雷网是接近全保护的一种方法，它还起到使建筑物不受感应雷害的作用，可靠性更高。

防雷笼网是笼罩着整个建筑物的金属笼，它是利用建筑结构配筋所形成的笼作接闪器，对于雷电它能起到均压和屏蔽作用。这种方式既经济又不损坏建筑物的美观。

另外，建筑物的金属屋顶、屋面上的金属栏杆也是接闪器，也相当于避雷带，都可以加以利用。

2. 引下线

引下线是连接接闪器和接地装置的金属导体。引下线的作用是将接闪器"接"来的雷电流引入大地，它应能保证雷电流通过而不被熔化。专设引下线一般采用 $\phi 8$ 圆钢或 12mm×4mm 扁钢制成。

引下线应优先利用建筑物钢筋混凝土柱或剪力墙中的主钢筋，还宜利用建筑物的金属构件，如消防梯、金属烟囱等作为引下线，但所有金属部件之间都应连成电气通路，同时建筑物各个角上的柱筋应被利用。

在易受机械损坏和人身接触的地方，地面上 1.7m 至地面下 0.3m 的一段引下线应采取暗敷或利用镀锌角钢、改性塑料管等保护设施。

当采用两根以上引下线时，为了便于测量接地电阻以及检查引下线与接地线的连接状况，宜在距地面 0.3～1.8m 之间设置断接卡。断接卡应有保护措施。

当利用混凝土内钢筋等自然引下线并同时采用基础接地体时，可不设断接卡，但应在室内外的适当地点设若干连接板，该连接板可供测量、接人工接地体和做等电位连接用。连接板处宜有明显标志。

3. 接地装置

接地装置是埋在地下的接地体（接地极）和接地线的总和。其作用是把引下线引下的雷电流疏散到大地中去。

接地体的接地电阻要小（一般不超过 10Ω），这样才能迅速地疏散雷电流。

接地装置可以利用自然接地体、基础接地体或采用人工接地体。

接地装置应优先利用建筑物钢筋混凝土内的钢筋。有钢筋混凝土梁时，宜将地梁内的钢筋连成环形接地装置；没有钢筋混凝土地梁时，可在建筑物周边无钢筋的闭合条形混凝土基础内，用 40mm×4mm 扁钢直接敷设在槽坑外沿，形成环形接地。

（二）防雷电感应的措施

防止由于雷电感应在建筑物上聚集电荷的方法是在建筑物上设置收集并泄放电荷的装置（如避雷带、网）。防止建筑物内金属物上雷电感应的方法是将金属设备、管道等金属物，通过接地装置与大地做可靠的连接，以便将雷电感应电荷迅速引入大地，避免雷害。

（三）防雷电波侵入的措施

为防止雷电波侵入建筑物，可利用避雷器将雷电波引入大地。但对于有易燃易爆危险的建筑物，当避雷器放电时线路上仍有较高的残压进入建筑物，还是不安全，对这种建筑物可采用地下电缆供电方式，可从根本上避免过电压雷电波侵入的可能性，但这种供电方式费用较高。

此外，还要防止雷电流流经引下线产生的高电位对附件金属物体的雷电反击。当防雷装置接受雷击时，雷电流沿着接闪器、引下线和接地体流入大地，并且在它们上面产生很高的电位。如果防雷装置与建筑物内外电气设备、电线或其他金属管线的绝缘距离不够，它们之间就会产生放电现象，这种情况称之为"反击"，反击的发生，可引起电气设备绝缘被破坏，金属管道被烧穿，甚至引起火灾、爆炸及人身事故。

防止反击的措施有两种：一种是将建筑物的金属物体（含钢筋）与防雷装置的接闪器、引下线分隔开，并且保持一定的距离。另一种是，当防雷装置不易与建筑物内的钢筋、金属管道分隔开时，则将建筑物内的金属管道系统，在其主干管道处与靠近的防雷装置相连，有条件时，宜将建筑物每层的钢筋与所有的防雷引下线连接。

（四）建筑防雷平面图

建筑防雷平面图是在屋面平面图的基础上绘制的。图中用图例符号表示出避雷针、避雷带等接闪器的安装位置，引下线、接地装置的安装位置，说明接闪器、引下线及接地装置选用材料的尺寸，以及对施工方法、接地电阻的要求等，作为安装时的依据。

三、安全用电基本知识

电气事故包括设备事故和人身事故两种。设备事故是设备被烧毁或设备故障带来的各种事故，设备事故会给人们造成不可估量的经济损失和不良影响；人身事故指人触电死亡或受伤等事故，它会给人们带来巨大的痛苦。因此，应了解安全用电常识，遵守安全用电的有关规定，避免损坏设备或发生触电伤亡事故。

（一）电流对人体的伤害

电流对人体的伤害是电气事故中最为常见的一种，它基本上可以分为电击和电伤两大类。

1. 电击

人体接触带电部分，造成电流通过人体，使人体内部的器官受到损伤的现象，称为电击触电。在触电时，由于肌肉发生收缩，受害者常不能立即脱离带电部分，使电流连续通过人体，造成呼吸困难，心脏麻痹，以至于死亡，所以危险性很大。

直接与电气装置的带电部分接触、过高的接触电压和跨步电压都会使人触电。而与电气装置的带电部分因接触方式不同又分为单相触电和两相触电。

单相触电是当于人体站在地面上，触及电源的一根相线或漏电设备的外壳而触电。单相触电发生在中性点接地的供电系统中最多。

两相触电是当人体的两处，如两手、或手和脚，同时触及电源的两根相线发生触电的现象。在两相触电时，虽然人体与地有良好的绝缘，但因人同时和两根相线接触，人体处于电源线电压下，在电压为 380/220V 的供电系统中，人体受 380V 电压的作用，并且电流大部分通过心脏，因此是最危险的。

过高的接触电压和跨步电压也会使人触电，为此接地体一定要做好，使接地电阻尽量小，一般要求为 4Ω 及以下。

2. 电伤

由于电弧以及熔化、蒸发的金属颗粒对人体外表的伤害，称为电伤。例如在拉闸时，不正常情况下，可能发生电弧烧伤或刺伤操作人员的眼睛。而且往往在电弧中夹杂着金属微粒可能使人皮肤烫伤或浸入皮肤表层等。电伤的危险程度虽不如电击，但有时后果也是很严重的。

（二）安全电压

发生触电时的危险程度与通过人体电流的大小、电流的频率、通电时间的长短、电流在人体中的路径等多方面因素有关。通过人体的电流为 10mA 时，人会感到不能忍受，但还能自行脱离电源；电流为 30～50mA，会引起心脏跳动不规则，时间过长心脏停止跳动。

通过人体电流的大小取决于加在人体上的电压和人体电阻。人体电阻因人而异。差别很大，一般在 800Ω 至几万 Ω。

考虑到使人致死的电流和人体在最不利情况下的电阻，我国规定安全电压不超过 36V。常用的有 36V、24V、12V 等。

在潮湿或有导电地面的场所，当灯具安装高度在 2m 以下，容易触及而又无防止触电措施时，其供电电压不应超过 36V。

四、接地

以保护人身安全为目的，把电气设备可导电的金属外壳用金属与地作良好的连接，称为"接地"。

（一）低压配电系统的接地形式

低压配电系统的接地形式可分为以下三种：

1. TN 系统

电力系统中性点直接接地，受电设备的外露可导电部分通过保护线与接地点连接。按照中性线与保护线组合情况，又可分为三种形式：

（1）TN-S 系统（五线制系统）。

整个系统的中性线（N 线）与保护线（PE 线）是分开的，见图 8-3 所示。由于 TN-S 系统可安装漏电保护开关，有良好的漏电保护性能，所以在高层建筑和公共建筑中得到广泛应用。

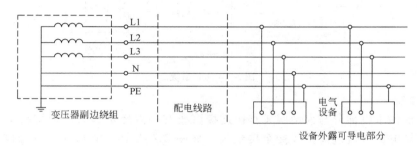

图 8-3 TN-S 系统

（2）TN-C 系统（四线制系统）。

整个系统的中性线（N）与保护线（PE）是合一的，如图 8-4 所示。TN-C 系统主要应用在三相动力设备比较多的系统，例如工厂、车间等，少一根线，较为经济。

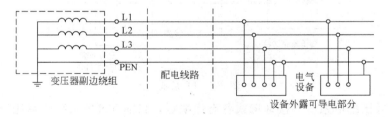

图 8-4 TN-C 系统

（3）TN-C-S 系统（四线半系统）。

系统中前一部分线路的中性线（N）与保护线（PE）是合一的，如图 8-5 所示。TN-C-S 系统主要应用在配电线路为架空配线，用电负荷较分散，距离又较远的系统。但要求线路在进入建筑物时，将中性线进行重复接地，同时再分出一根保护线，因为外线少配一

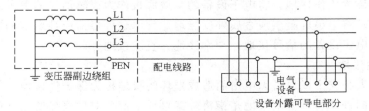

图 8-5 TN-C-S 系统

根线，比较经济。

2. TT 系统

电力系统中性点直接接地，受电设备的外露可导电部分通过保护线接至与电力系统接地点无直接关联的接地极。如图 8-6 所示。在 TT 系统中，保护线可以各自设置，由于各自设置的保护线互不相关，因此电磁环境适应性较好，但保护人身安全性较差，目前仅在小负荷系统中应用。

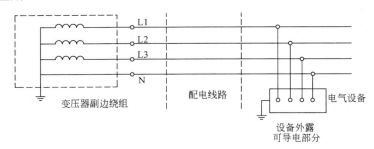

图 8-6　TT 系统

3. IT 系统

电力系统的带电部分与大地间无直接连接（或有一点经足够大的阻抗接地），受电设备的外露可导电部分通过保护线接至接地极，如图 8-7 所示。在 IT 系统中的电磁环境适应性比较好，当任何一相故障接地时，大地即作为相线工作，可以减少停电的机会，多用于煤矿及工厂用电等希望尽量少停电的系统。

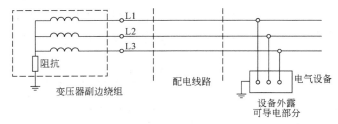

图 8-7　IT 系统

以上几种低压配电系统的接地形式各有优缺点，目前 TN-S 系统应用比较多。

（二）接地种类

按作用可将接地种类分为：

1. 功能性接地

为保证电气设备正常运行或电气系统低噪声的接地称为功能性接地。其中将电气设备中性点或 TN 系统中性线接地称为交流中性点接地；利用大地作导体，在正常情况下有电流通过的接地称为工作接地；将电子设备的金属底板作为逻辑信号的参考点而进行的接地称为逻辑接地；将电缆屏蔽层或金属外皮接地达到电磁环境适应性要求的接地称为屏蔽接地；此外还有电子设备的信号接地、功率接地、直流接地等。

2. 保护性接地

为了防止人身安全或设备因电击而造成损坏的接地称为保护性接地。保护接地又可分为接地和接零两种类型。所谓接地是指将外露可导电部分对地直接的电气连接，而将外露可导电部分（电器设备的外壳）通过 PE 或 PEN 线接到电力系统中性点（接地点）的称为接零；此外为引导雷电流而设置的接地称为防雷接地；使静电流入大地的称为静电接地；在 PE 或 PEN 线各一点多点接向大地称为重复接地。

（三）保护接地和保护接零的应用范围

对于以下电气设备的金属部分均应采取保护接零或保护接地措施。

（1）电机、变压器、电器、手握式及移动式用电器具等的底座和外壳；

（2）电气设备的传动装置；

（3）配电屏与控制屏的框架；

（4）室内、外配电装置的金属架、钢筋混凝土构架的钢筋和靠近带电部分的金属围栏；

（5）电力线路的金属保护管、金属接线盒（开关、插座等）、敷线的钢索及起重运输设备轨道等；

（6）电缆的金属外皮及电力电缆的接线盒、终端盒。

（四）等电位联结

为防止建筑物电气装置间接接触电击和接地故障引起的爆炸、火灾，在一般工业与民用建筑中需设置等电位联结。目前，建筑物内等电位联结方式分为如下三类：

1. 总等电位联结（MEB）

用以降低建筑物内间接接触电击的接触电压和不同金属部件间的电位差，并消除自建筑物外经电气线路和各种金属管道引入的危险故障电压的危害，它用通过进线配电箱近旁的总等电位联结端子板（接地母排）将下列导电部分互相连通：

（1）保护线干线；

（2）接地干线或总接地端子；

（3）公用设施的金属管道，如上、下水、热力、煤气等管道；

（4）建筑物金属构件导电体。

2. 辅助等电位联结·（SEB）

将两导电部分用导线直接作等电位联结，使故障接触电压降至接触电压限值以下，称为辅助等电位联结。

3. 局部等电位联结（LEB）

当需要在一局部场所范围内作多个辅助等电位联结时，可通过局部等电位连接端子板将下列部分互相连通，以简便地实现该局部范围内的多个辅助等电位联结，这被称为局部等电位联结。常用在淋浴间、澡盆、淋浴盆、游泳池和涉水池等场所。

（1）PE 母线或 PE 干线；

（2）公用设施的金属管道；

（3）建筑物金属结构。

等电位联结线和等电位联结端子板宜采用铜质材料。等电位联结端子板的截面不得小于所接等电位联结线截面。

第五节　建筑电气照明施工图

一、电气照明施工图的内容

室内电气照明施工图主要包括施工说明、系统图、平面图和详图等。

（一）施工说明

主要表明与电气施工有关的土建部分的情况，如建筑物的形式、室内地面做法，以及电源的引入、线路的敷设、设备规格及安装要求、施工注意事项等。对于简单工程可以将施工说明并入系统图或平面图中。

（二）系统图

电气照明系统图是根据配电方式画出来的。它表明工程的供电方案，从系统图中可以看出照明工程的供电系统、计算负荷以及配电装置、开关、熔断器、导线规格、保护管径和敷设方式、用电设备名称等。

对于需要计量电能的用户，在配电箱内应装设电度表。电度表有单相和三相的，由于三相照明负荷是不平衡的，故三相供电时，必须采用三相四线制电度表。要求统一计量的公共建筑，电度表一般安装在总配电箱内，并接在干线上；民用住宅实行一户一表制，接于每户支线电路的单相电度表装于分配电箱内。

配电箱内的开关、保护和计量设备的型号规格都必须标注在设备旁边。

相别划分三相电源向单相用电回路分配电能时，应在单相用电回路导线旁标明相别 a、b、c 相别，避免施工时发生错接。

照明供电系统的计算功率、计算电流、计算时所取用的需要系数、线路末端的电压损失等的计算值标注在系统图上明显位置。

（三）平面图

电气照明平面图可表明进户点、配电箱、配电线路、灯具、开关及插座等的平面位置及安装要求。每层都应有平面图，但有标准层时，可以用一张标准层的平面图来表示相同各层的平面布置。

在平面图上，可以表明以下几点：

（1）进户点、进户线的位置及总配电箱、分配电箱的位置。表示配电箱的图例符号还可表明配电箱的安装方式是明装还是暗装，同时标注电源来路。

（2）所有导线（进户线、干线、支线）的走向，导线根数，以及支线回路的划分，各条导线的敷设部位、敷设方式、导线规格型号、各回路的编号，导线穿管时所用管材管径都应标注在图纸上，但有时为了图面整洁，也可以在系统图或施工说明中表明。

（3）灯具、灯具开关、插座、吊扇等设备的安装位置，灯具的型号、数量、安装容量、安装方式及悬挂高度。

二、照明平面图图面标注

1. 导线的标注

电气照明图中的线路，都是用单线来表示的，在单线上打短斜线或标以数字表示导线根数，另外在图线旁标注一定的文字符号，用以说明线路用途、导线型号、规格、根数、截面、穿管管径、管材、敷设部位及敷设方式等。这种标注方式习惯称为直接标注。其标注基本格式是：

$$a-b(c\times d)e-f$$

式中　a——线路编号或线路用途的符号；

　　　b——导线的型号；

c——导线的根数；

d——导线的截面积，mm^2；

e——保护管管径，mm；

f——线路方式和敷设部位。

例如，WP_1-BLV（$3×50+1×35$)-K-WE 即表示 1 号电力线路，导线型号为 BLV（铝芯聚氯乙烯绝缘导线），共有 4 根导线，其中 3 根截面分别为 $50mm^2$，一根截面为 $35mm^2$，采用瓷瓶配线，沿墙明敷设。又如，BLX（$3×4$）G15-WC 表示有 3 根截面分别为 $4mm^2$ 的铝芯橡皮绝缘导线，穿管径 15mm 的水煤气钢管沿墙暗敷设。在这里未标注线路的用途也是允许的。导线敷设方式及敷设部位见表 8-1，表 8-2。

导线的敷设方式文字符号表 表 8-1

序　号	中文名称	旧符号	新符号	备注
1	暗敷	A	Č	
2	明敷	M	E	
3	铝皮线卡	QD	AL	
4	电缆桥架		CT	
5	金属软管		F	
6	水煤气管	G	G	
7	瓷绝缘子	CP	K	
8	钢索敷设	S	M	
9	金属线槽		MR	
10	电线管	DG	T	
11	塑料管	SG	P	
12	塑料线卡		PL	
13	塑料线槽		PR	
14	钢管	GG	S	

线路敷设部位文字符号表 表 8-2

序号	中文名称	英文名称	旧符号	新符号	备注
1	梁	Beam	L	B	
2	顶棚	Ceiling	P	CE	
3	柱	Columu	Z	C	
4	地面（板）	Floor	D	F	
5	构架	Rack		R	
6	吊顶	Suspended		SC	
7	墙	Wall	Q	W	

2. 照明灯具的标注

照明灯具的文字标注方式一般为 $a—b/f$，当灯具安装方式为吸顶安装时，则标注应为 $a—b$。

式中　a——灯具的数量；

　　　b——灯具的型号或编号；

　　　c——每盏照明灯具的灯泡数；

　　　d——灯泡容量，W；

　　　e——灯具安装高度，m；

　　　f——灯具安装方式；

　　　L——光源的种类。

灯具安装方式的文字代号可参见表 8-3。

照明灯具安装方式文字符号　　　　　　　　　　　表 8-3

名称	旧符号	新符号	名称	旧符号	新符号
链吊	L	C	吸顶	D	D
管吊	G	P	嵌入	R	R
线吊	X	WP	壁装	B	W

常用光源的种类有：白炽灯（IN）、荧光灯（FL）、汞灯（Hg）、钠灯（Na）、碘灯（I）、氙灯（Xe）、氖灯（Ne）等，但光源种类一般很少标注。

如标注为 10—Y/C，则表示有 10 盏型号为 Y 的荧光灯，每盏灯有 2 个 40W 灯管，安装高度为 2.5m，采用链吊安装。

三、电气照明施工图识读的步骤

（1）全面了解电气照明工程的施工顺序，主要操作工艺，并掌握常用图例和符号。

（2）了解建筑物基本情况，如房屋结构形式、层数、层高及墙体、顶板、地面、吊顶等情况，结合土建施工图看照明施工图；

（3）在阅读图纸目录及施工说明时，了解电气工程的设计内容和各类图纸的主要内容；以及它们之间的相互关系。

逐层逐段阅读平面图，通过读图了解以下内容：

1）电源进户线方式，位置，干线配线方式，采用管和导线的型号及敷设部位。

2）各支路的负荷分配情况和连接情况，配线方式，采用管和导线的型号和敷设部位。

3）配电箱、盘或电度表的安装方式和高度。

4）各种灯具型号、功率、安装方式、安装高度和部位，各种开关、插座的型号、安装高度及部位。

在阅读照明平面图过程中，要核实各干线、支线导线的根数、管位是否正确，线路敷设是否可行，线路和各电器安装部位与其他管道的距离是否符合施工要求。

（4）阅读系统图。阅读照明系统图应弄懂以下内容：

1）各配电箱、盘电源干线的接引和采用导线的型号、截面积。

2）各配电箱、盘引出各回路的编号、负荷名称和功率，各回路采用导线型号、截面积及控制方法。

3）各配电箱、盘的型号及箱、盘上各电器名称、型号、电流额定值及熔丝的规格及各电器的接线。

四、照明工程实例

图 8-8、图 8-9、图 8-10 分别为某一 9 层住宅楼的住户配电平面和系统图。

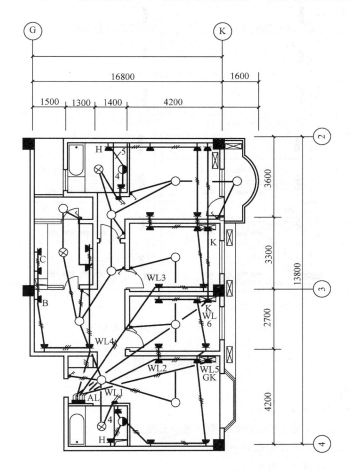

图 8-8　某住宅楼一住户配电配线平面图

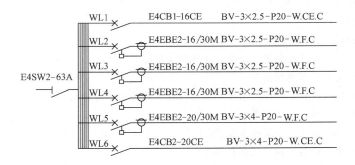

图 8-9　某住宅楼一住户控制箱系统接线

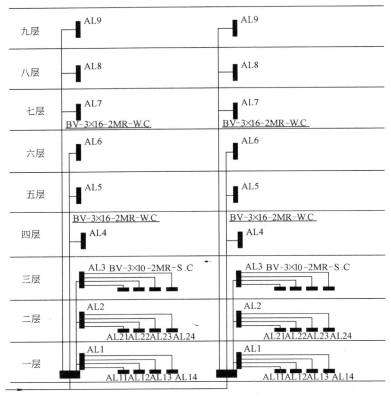

图 8-10　某住宅楼照明配电系统图

复习思考题

1. 雷电是怎样形成的?
2. 雷电的破坏作用可分为哪几类?
3. 什么样的建筑易遭受雷击? 建筑物的哪些部位易遭受雷击?
4. 防止直击雷的避雷装置由哪几部分组成?
5. 什么是避雷针、避雷带、避雷网?
6. 什么是引下线和接地装置? 各起什么作用?
7. 防雷电感应采取什么措施?
8. 怎样防止雷电波的侵入?
9. 建筑防雷平面图的内容是什么?
10. 什么是单相触电、两相触电、接触电压和跨步电压?
11. 我国对安全电压有哪些规定?
12. 什么是保护接地? 什么是保护接零? 各用在什么系统中, 为什么?
13. 保护接零时, 零线的作用是什么?
14. 为什么有了保护接零, 还要有重复接地?
15. 哪些设备需要进行保护接地或保护接零?

第九章 智能建筑简介

人类进入 20 世纪 80 年代后，电子技术和计算机网络技术得到极大发展，特别是 Internet 网络的发展，已逐步把人类带入信息社会，人们的生产、生活方式也随之发生了日新月异的变化。国民经济信息化、信息的数字化和全球化、设备的智能化已成为知识经济主要特征。信息技术已逐步渗透到国民经济的各个领域，建筑业作为当前最具成长性的基础产业必然要受到冲击。

另一方面，随着经济发展和社会进步，人们对现代化居住和办公的建筑环境提出了更高的要求，一种舒适健康、安全可靠、高效便利，并具有适应信息社会的各种信息化手段和设备的现代化建筑可以更好地满足人们工作和生活的需求。智能化建筑正是基于这些原因应运而生的，成为用信息技术来开拓传统建筑而诞生的婴儿。

随着全球信息化进程的不断加快和信息产业的迅速发展，智能化建筑作为信息社会的重要基础设施，已受到越来越多的重视。智能化建筑已成为各国综合经济实力的具体象征，也是各大跨国企业集团国际竞争实力的形象标志。同时，智能化建筑也是未来"信息高速公路（Information Superhighway）"的主节点。因而，各国政府机关和各跨国集团公司都在争相实现其建筑物的智能化。兴建智能化大厦或小区已成为新世纪建筑业的开发热点。

第一节 智能建筑的概念

从人类诞生以来，便不遗余力地改善借以休养生息的居住条件。伴随人类文明的进步，从洞穴到茅草棚、砖瓦房直至高楼大厦，居住的条件发生了很大的变化。

1984 年 1 月，美国康涅狄格（Connecticut）州哈福德（Hartford）市，对一栋旧金融大厦的改建，可以说是完成了传统建筑工程与新兴信息技术相结合的尝试。改建后的大楼，主要增添了计算机和数字程控交换机等先进的办公设备，以及完善的通信线路等设施。大楼的客户不必购置设备便可进行语音通信、文字处理、电子邮件、市场行情查询、情报资料检索和科技计算等服务。此外，大楼内的暖通、给排水、防火、防盗、供配电和电梯等系统均为计算机控制，实现了自动化综合管理，使客户感到更加舒适、方便和安全，引起了世人的广泛关注。

随后，智能建筑（IB）蓬勃兴起，以美国、日本兴建最多，在法国、瑞典、英国、泰国、新加坡等国家和中国香港也不断兴起。有人把智能建筑发展的 20 多年历史归结为四个阶段，即单功能系统阶段（1980～1985 年）：以闭路电视监控、停车场收费、消防监控和空调设备监控等子系统为代表；多功能系统阶段（1986～1990 年）：如综合保安系统、楼宇自控系统、火灾报警系统和有线通信系统等；集成系统阶段（1990～1995 年）：主要包括楼宇管理系统、办公自动化系统和通信网络系统；智能建筑智能管理系统阶段（1995年至今）：以计算机网络为核心，实现系统化、集成化与智能化管理。

智能化建筑是将各种高新技术应用于建筑领域的产物，其内涵在不断地丰富，至今也没有一个统一的定义。美国智能建筑学会、欧洲智能建筑集团、日本智能建设部、英国WALES大学基金资助课题、我国的国家科委基金资助课题和建筑协会等都有自己的定义。我国建筑设计标准（GB/T 50314—2000）里是这样叙述智能建筑的含义的：以建筑为平台，兼备通信自动化、办公自动化、建筑设备自动化，集系统结构、服务、管理及它们之间的最优化组合，向人们提供一个安全高效、舒适、便利的建筑环境。

智能建筑的基本内涵是：以综合布线系统为基础，以计算机网络为桥梁，综合配置建筑内的各功能子系统，全面实现对通信系统、办公自动化系统、大楼内各种设备（空调、供热、给水排水、变配电、照明、电梯、消防、公共安全）等的综合管理。

综上所述，智能建筑是指用系统集成的方法，将智能计算机技术、通信技术、信息技术与建筑艺术有机结合，通过对设备的自动监控、对信息资源的管理、处理和对使用者的信息服务及其与建筑的优化组合，设计出的投资合理、适合信息社会需要并具有安全、高效、节能、舒适、便利和灵便特点的建筑物。

第二节　智能建筑的组成和功能

智能化建筑涵盖有三个方面内容，即智能大厦、智能小区和智能家居。它们为人们提供了现代化的办公和居住环境。虽说在功能上会各有所偏重，但总体上来说，智能化建筑是利用建筑环境内的所有采用"智能"系统的公共设施来提高建筑物的服务能力的。

智能化建筑是智能化建筑环境内的系统集成中心（以计算机为主的控制管理中心）。它通过建筑物结构化综合布线系统（Generic Cabling System，缩写GCS）和各种信息终端，如通信终端（微机、电话、传真和数据采集器等）和传感器（如烟雾、压力、温度和湿度传感器等）连接，"感知"大厦各个空间的"信息"，并通过计算机处理给出相应的对策，再通过通信终端或控制终端（如步进电机、各种阀门、电子锁和电子开关等）给出相应反应，使建筑物具有某种"智能"功能。建筑物的使用者和管理者可以对建筑物供配电、空调、给水排水、电梯、照明、防火防盗、有线电视（CATV）、电话传真、计算机数据通信、购物及保健等全套设施都实施按需服务控制。这样可以极大地提高建筑物的管理和使用效率，有效地降低能耗与开销。

一般来讲，智能化建筑通常由以下四个子系统构成，即楼宇自动化系统（Building Automation System，缩写BAS）、通信自动化系统（Communication Automation System，缩写CAS）、办公自动化系统（Office Automation System，OAS）和综合布线系统。具有前三个子系统的建筑常称之为"3A"智能建筑。智能建筑是由智能化建筑环境内系统集成中心（System Integrated Center，缩写SIC）利用综合布线系统（GCS）连接和控制"3A"系统组成的。

近年来，一些房地产开发商为了吸引客户，把安保系统（SAS，Safety Automation System）和防火监控系统（FAS，Fire Automation System）从BA系统中分离出来，提出了5A（CA、OA、BA、SA、FA）智能化大楼的说法，还有人把管理自动化的功能（MA，Management Automation）从OA中分离开，提出了6A概念。实际上智能化建筑的基础还是3A。各组成部分的功能如下：

1. 智能化建筑的系统集成中心（SIC）

SIC 具有各个智能化系统信息总汇集和类信息的综合管理功能。具体有以下三方面的要求：

（1）汇集建筑物内外的各类信息。需要标准化、规范化的接口，来保证各智能化系统之间按通信协议进行信息交换；

（2）对建筑物内各个智能化系统进行综合管理；

（3）具有很强的信息处理及信息通信能力。

2. 综合布线系统（GCS）

GCS 是一种集成化通用传输系统，是建筑物或建筑群内部之间的传输网络。它利用双绞线或光缆来传输智能化建筑物内的信息。能使建筑物或建筑群内部的语音、数据通信设备、信息交换设备、建筑物物业管理及建筑物自动化管理设备等系统之间彼此相连，也能使建筑物内通信网络设备与外部的通信网络设备相连。它是智能化建筑物连接"3A"系统各类信息必备的基础设施。它采用积木式结构、模块化设计，实施统一标准，完全满足智能化建筑高效、可靠、灵活性的要求。

3. 办公自动化系统（OAS）

办公自动化是把计算机技术、通信技术、多媒体技术和行为科学，应用于传统的数据处理技术所难以处理的、数量庞大且结构不明确的业务上。它是利用先进的科学技术，不断使人为部分办公业务转化于人以外的各种设备中，并由这些设备与办公人员构成服务于某种目标的人机信息处理系统。其目的是尽可能充分地利用信息资源，提高劳动生产率和工作质量，也可以利用信息挖掘技术进行辅助决策，以求得更好的效果。更通俗地讲，办公自动化系统就是在办公室工作中，以微型计算机为中心，采用传真机、复印机和电子邮件（E-mail）等一系列现代办公及通信设备，全面而又广泛地收集、整理、加工和使用信息，为科学管理和科学决策提供服务。

办公自动化（OA）是一种用高新技术来支撑的、辅助办公的先进手段，从它的业务性质来看主要有三项任务：

（1）电子数据处理（Electronic Data Processing，缩写 EDP）。处理办公中大量繁琐的事务性工作，如发送通知、打印文件、汇总表格和组织会议等，将上述繁琐的事务交给机器来完成，以达到提高工作效率，节省人力的目的。

（2）信息管理系统（Management Information System，缩写 MIS）。对信息流的控制管理是每个部门最本质的工作。OA 是信息管理最佳手段，它把各项独立的事务处理通过信息交换和资源共享联系起来以获得准确、快捷、及时和优质的功效。

（3）决策支持系统（Decision Support Systems，缩写 DSS）。决策是根据预定目标做出的行动决定，是高层次的管理工作。决策过程是一个提出问题、搜集资料、拟定方案、分析评价和最后选定等一系列的活动。OA 系统可以自动地分析和采集信息，提供各种优化方案，辅助决策者做出迅速而正确的决定。

4. 通信自动化系统（CAS）

通信自动化系统能高速处理智能大厦内外各种图像、文字、语音及数据之间的通信。CA 可分为语音通信、图文通信及数据通信等三个子系统。

（1）语音通信系统可给用户提供预约呼叫、等待呼叫、自动重拨号、转向呼叫和直接拨入、能接入和传递信息的小屏幕显示、用户账单报告、屋顶远程端口卫星通信和语音邮政等上百种不同特色的通信服务。

（2）图文通信在当今智能化建筑中，可实现传真通信、可视数据检索、电子邮件和电视会议等通信业务。由于数字传送和分组交换技术的发展，我们可以采用大容量高速数字专用通信线路来实现多种通信方式。在构筑通信自动化系统时，可以根据需要选定经济而高效的通信线路。

（3）数据通信系统是为用户建立的计算机网络，用于连接办公区内计算机及其他外部设备，完成电子数据交换业务和多功能自动交换，使不同用户的计算机进行通信。

卫星通信突破了传统的地域观念，实现了相隔万里近在眼前的国际信息交换联系。今天的现代化建筑已不再局限在几个有限的大城市范围内。它真正提供了强有力的缩短空间和时间的手段。因此智能化建筑通信系统起到了零距离、零时差交换信息的重要作用。

5. 楼宇自动化系统（BAS）

楼宇自动化系统（BAS）是以中央计算机为核心，对楼内的环境及其设备运行状况进行控制和管理，从而营造出一个温度、湿度和光度稳定且空气清新的室内环境。按设备的功能和作用，该系统可分为以下子系统：

消防自动报警和联动灭火系统；

空调及通风监控系统；

供配电及备用应急电站的监控系统；

电力和照明监控系统；

电梯监控系统；

紧急广播系统；

保安监视闭路电视系统，巡更对讲系统以及各种特种保安系统；

给水排水监控系统；

锅炉监控系统；

紧急电话系统；

紧急疏散和防空报警系统；

停车场自动监控管理系统等。

BA 系统日夜不停地对建筑的各种机电设备的运行情况进行监控，采集各处现场资料，自动加以处理，制表或报警，并按预置程序和人的指令进行控制。

第三节　智能建筑的优点

智能化建筑是为适应经济发展和人们生活条件的必然产物，它为人们提供了理想的生活和工作环境。智能化建筑除了使人们的生活更加舒适、安全外，还能提供现代化的办公与通信环境，也为提高建筑物的管理效率及节约能耗提供了技术基础。概括起来，智能化建筑主要有以下一些优点：

（1）创造了安全、健康、舒适宜人的工作生活环境。现在，不少大厦的中央空调系统不符合卫生要求，往往成为传播疾病的媒介。在国外，把招致居住者头痛、精神萎靡不振，甚至频繁生病的大楼称之为"患有楼宇综合病"（Sick Building Sydrome）的大厦。

而智能化建筑首先要确保安全和健康，其防火与保安系统均已智能化；其空调系统能监测出空气中的有害污染物含量，并能自动消毒，使之成为"安全健康大厦"。智能大厦对温度、湿度和照度均加以自动调节，甚至控制色彩、背景噪声与味道，使人的身心舒畅，从而大大地提高人们的工作效率。

对于智能化住宅小区来讲，其小区周界封锁和巡更管理系统，在出现非法或暴力入侵者时，能及时发出报警并做出相应防范反应；住宅安全防范系统则包括防盗、防暴力、防火、防毒报警及紧急求救功能，以确保居室内人员的安全。智能化住宅小区在户外满足人们对居住环境、社会安全、小区绿化、社交活动和社会服务的要求，在户内满足人们对生活空间的分配、居室采光通风、温度湿度、日照音响、服务卫生、通信联络和信息交流等日常生活要求。

（2）可以集中统筹地进行科学管理，在节省大量人力的同时，有效降低能耗。智能化建筑的系统集成中心（SIC）可以对各个子系统进行统筹安排和优化组合，使各个子系统能科学合理地运行。许多需要人工完成的工作都可以由智能化的控制系统自动完成。建筑能耗涉及多方面内容，若用传统方法进行计算和预测，过于复杂，效果也不甚理想。把人工智能等技术引入可以有效地预测负荷，合理地调度能量的使用。例如，智能大厦在满足使用者对环境要求的前提下，可以尽可能地利用自然光和大气冷量（或热量）来调节室内环境，以最大限度减少能源消耗。按事先在日历上确定的程序，区分"工作"与"非工作"时间，对室内环境实施不同标准的自动控制，下班后能够自动降低室内照度与温度湿度控制标准。自动调节供热通风系统，甚至可以自动调整采光角度。可较圆满地对能耗实现智能控制，从而达到节能的目的。

智能化建筑可以使物业管理更有效率。物业管理中的房租、水、电和煤气等收费可通过电脑管理，物业管理中的新内容如保安、购物、洗衣和社区厨房等可通过电脑网络的管理变得更加方便有效。通过网络化的物业管理可以减少工作人员的数量，极大地提高工作效率，降低管理费用。

（3）可以为用户提供多种环境功能和不同的应用性服务。智能化建筑要求其建筑结构设计具有智能功能，除支持 3A 功能外，必须是开放式、大跨度框架结构，用户可以迅速而方便地改变建筑物的使用功能或重新规划建筑平面。室内办公所必需的通信与电力供应也具有极大的灵活性，通过结构化布线系统，在室内分布着多种标准化的弱电和强电插座，只要改变跳接线，就可快速改变插座功能，如变程控电话为计算机接口等。

智能大厦可以为用户提供现代化的通信手段和办公条件，人们可以使用国际直拨电话、可视电话、电子邮件、声音邮件、电视会议、信息检索与统计分析等手段，及时获得全球性各种最新信息。通过宽带的计算机网络可以随时与世界各地的企业或机构开展各种商务活动。

智能化住宅可以使人们享受到网络化教育、电脑购物、数字化娱乐、电脑阅读和电子邮件等服务，可以加强与亲友的交流和初步实现家庭上班。

第四节　我国智能化建筑的发展状况

我国的智能化建筑起步于 20 世纪 80 年代末至 90 年代初。

1986 年我国"七五"计划初期，原国家计委、科委立项，将"智能化办公大楼可行性研究"列为国家重点科技攻关课题。

1991 年中国科学院计算技术研究所完成"智能化办公大楼可行性研究"，并通过鉴定。

1993 年 9 月在张家界举行的全国建筑电气设计情报网年会上，由李天恩主持进行了有关智能化建筑（3A）和综合布线系统等方面的学术交流和讨论。

1995 年 3 月我国工程建设标准化协会颁布《建筑与建筑群综合布线工程设计规范》。

1995 年 7 月华东建筑设计研究院编制了上海市《智能建筑设计标准》。

1995 年 10 月华东建筑设计研究院出版了《智能建筑设计技术》一书。

1996 年 1 月建设部召开了我国第一次智能建筑研讨会。

1996 年 2 月建设部科技委成立了"建设部科学技术委员会智能建筑技术开发推广中心"。

1997 年 2 月首届中国国际楼宇现代化设备展览会在上海隆重举行。

1997 年 5 月建设部科技委智能建筑技术开发推广中心主办的《智能建筑》创刊。

1998 年 6 月建设部科技委在北京举办了"LonWorks 技术在智能建筑中的应用研讨会"。

1998 年 12 月第二届中国国际智能建筑楼宇设备博览会与国际会议同期举行。

1999 年 2 月建设部成立国家标准《智能建筑设计标准》编制组，现已作为 GB/T 50314—2000 国家标准正式出台。

根据建设部的文件要求，我国全面实行智能建筑市场的准入制度。到 2000 年底全国获得我国政府建设行政主管部门颁发的建筑智能化专项资质证书的单位已有 707 家（含国外独资企业），其中系统工程设计资质 245 家、系统集成商资质 246 家、子系统集成商资质 216 家，均各约占 1/3。已持证书单位遍布全国各省市包括广大西部地区，总之，发达省多于发展中地区。

在建设主管部门大力推动智能化建筑技术发展的同时，我国的智能化建筑市场也逐步形成。在北京、上海、广州、深圳等一些大城市，新建筑楼宇要不要"智能化"或"智能化"程度如何已是大多数发展商们非论证不可的重大问题。研究和承接智能大厦工程任务的单位也越来越多，一批智能型建筑实际上已经出现，上海金茂大厦和深圳赛格广场就智能化建设进行的国内外公开招标影响巨大，北京的恒基中心、上海证券大厦、广州中天广场、济南的山东省商业大厦等诸多建筑完全是按国际智能建筑标准设计与施工的。我们已经感受到智能建筑带给世界的生机和活力。

近年来，智能化小区的建设成为房地产开发的新热点。在一些发达地区建成了许多智能化小区。其他一些地方在建造大型写字楼和住宅小区时，也都加大了智能化系统工程方面的投资，不仅提高了管理者（物业管理公司）的工作效率和经济效益，更重要的是提高了建筑物对现代信息化办公的支撑能力，给入住的用户提供了良好的工作生活环境。

第五节　智能化建筑发展中面临的一些问题

智能化建筑涉及许多高新技术及其产业，适用的范围比较广，在其发展中必然会面临这样或那样的问题，主要包括以下几个方面：

1. 系统集成问题

发展智能建筑自然要涉及其系统集成问题，系统集成是智能建筑技术的关键点与重要标志。智能建筑系统集成的实质就是建立一个以现代信息系统为基础的平台，将需求和应用，以及与系统相关的数据、信息、知识、人员、设备、网络和环境模型等，也包括各种已经建立的系统或服务，进行综合和集成，将其统一在应用的框架平台上，并按需求进行连接、配置和共享，达到系统智能化的总体目标。

在实际应用中，追求经济与社会效益的统一是普遍规律，集成也必须严格遵守。智能建筑的高效规模应适度，既考虑先进性，又应核算经济成本。智能建筑不是单纯的高技术产品的简单堆砌、合成，而是按照建筑物的使用目的和功能的需要，改善和提高人们工作和居住环境的品质，更好地为人服务。用户的需求决定着智能建筑系统集成的内容与发展。信息技术正在从以技术为中心转向以需求为核心，其目标就是按照人们活动的需求来提供必要的信息。同样智能建筑的系统集成也应根据业主及用户的需求来决定其系统集成技术和功能设计。智能建筑的直接受益者是在其中生活、工作的人，使他们能尽情享受现代科技和信息化社会带来的乐趣。

应该看到，我国建筑智能化的主要问题是开通率不高、运行效率低。在发展较快的上海，1998年技术监督局抽查的10幢智能建筑中，仅2幢运转良好；3幢一般；5幢不合格。使建筑智能化从形式走向实效是发展智能建筑产业一项极其迫切的任务。因此，过分强调完全集成不宜提倡。系统集成应按实际需要而为，必须从技术、经营与服务等多角度全面理解集成的内涵。

2. 智能化问题

智能建筑的智能化主要是指整个建筑和管理系统的智能化，而不是指各个子系统的智能化。如果一个建筑物实现了"3A"或"5A"，但其相互间互不相联，自成系统，就不能算是真正意义上的智能建筑。只有各分系统之间实现智能化互控或联动的建筑物，才能称得上是真正意义上的智能化建筑物。例如，一旦火灾报警子系统发生火灾报警，首先要向智能中心报告，智能中心接报后，立即通告闭路电视监控系统等其他相关的子系统、有关人员进行核查，假如为虚警，通知火灾报警系统撤销报警状态，假如真有火灾，由智能中心根据火势和火灾地点向各有关子系统发出联动命令：

向喷淋系统发出喷淋命令；向紧急广播系统发出消防用语紧急广播命令；向报警系统发出启动声光报警的命令；向通信系统发出通报消防部门紧急救火请求；向紧急呼叫系统发出紧急呼叫命令；通报直升机场进行直升机紧急救助的命令；向供电系统发出相应的控制命令；向给水排水系统发出关闭或打开相应阀门及加压泵的命令；向照明系统发出关闭或开启相应照明灯的命令；向门禁系统发出关闭或打开相应大门的命令；向电梯控制系统发出相应的电梯控制命令。

待灭火活动结束后，火灾报警系统应通知智能中心，由智能中心向各有关子系统发出撤销火灾报警并恢复系统常态的命令。

再如，一旦保安监控报警系统出现盗警，马上报告智能中心，由智能中心进行核实后，向报警系统、照明系统、门禁系统、电梯控制系统、紧急广播系统和联防保安部门等发出相应的命令。各子系统联合行动才能在最短的时间内解决问题。

3. 市场的规范化问题

21世纪建筑的主流是智能建筑，发展智能建筑是大势所趋。智能建筑作为综合国力与科技水平的具体体现，其特点与优势明显，市场前景十分广阔。我国政府在"十五"计划、2010远景规划中对智能建筑给予了高度重视。国家拟投入巨资对建筑智能化给予推广。另据国外权威机构预测，在21世纪，全世界智能大厦的50%将兴建在中国的大、中城市里。目前全国统一的智能建筑标准已经出台。各建设部门都应该按该标准进行设计、选型和施工，严禁使用一些非标准的产品，以免给系统的集成和维护带来困难，造成巨大的投资浪费。

开发基于开放标准的相关产品和产品的本土化工作也不容忽视。从操作系统、服务器和开发工具到数据库系统，都可采取自由软件与国产化相结合的发展模式，形成开放型系统与产品。只有如此，才能降低工程成本，全面占领中国这个大市场，从而带动制造业、IT业等产业的繁荣与发展。

对于工程管理，可以通过立法将设计与施工企业分离，引入监理机制保证工程质量。建立顾问、咨询公司，为工程提供技术咨询，抑制暴利。在工程建设过程中，鼓励物业公司参与施工监理，工程竣工后参与验收，确保工程质量。同时还要设立权威认证、检测公司，提供技术产品检验与支持，逐步形成设计、施工、监理、咨询和认证五方制衡局面，共同协作，建设优质工程。

各级主管部门应像对从事土建安装工程的单位一样对智能建筑施工单位进行资质认定，明确规定相应等级应达到的各项标准和可以从事的工程类别，杜绝无资质等级者从事智能建筑的施工业务。对资质的认定要从严把关，认真考核，并对具备资质等级的单位加强监督管理，对于不能胜任等级要求或出现质量事故者，要取消或降低其等级。对于经济和技术实力较强大的大型施工单位给予总承包资格，推行总承包制。

要想真正走向世界，与国际接轨，不仅要欢迎外商参与竞争，引进先进的技术和管理经验，还要勇于开拓国际市场。应用智能建筑技术与开发建筑智能化产品，既是机遇又是挑战。只有抓住机遇，迎头赶上，在竞争中求发展，才能使建筑业健康、有序地发展。从现实和长远眼光来看，中国需要智能建筑，而且市场较大。有必要指出的是，中国的国情决定着这样的事实，即准智能化或非智能化的建筑在今后的一段时间内会有相当大需求，并将长期存在。高度智能化的智能建筑，近期内其市场需求比例不大，但市场份额仍很可观。智能建筑建设不宜盲目追求智能化，一哄而上。只有因需而为，才能健康有序地发展。

4. 人才培养问题

目前，全国具有建筑智能化工程设计资质和系统集成商资质的企业中，从业人员大多来自于电气、自动化、计算机以及通信专业。这些人员多数不具备建筑相关专业设计、施工、监理等技能，知识结构不够系统与全面。在实际工作中摸索学习，难免有失偏颇。各地相继成立的各级智能建筑协会因时间问题，大多没有很好地开展学术与工程实践交流活动。各类技术培训班时间短、师资力量不足、业务水平脱离实践，效果不甚理想。可以说，智能建筑产业从技术工人到各级工程管理人员严重匮乏；既懂技术，又会管理，还能与外商直接交流的高级人才更是奇缺。

目前的工程与技术发展对智能建筑人才提出了迫切的需求，因此，有条件的高校与科研院所，已开始按实际情况增开与智能建筑技术相关的课程。大中专学校也正在根据智能建筑市场需求，调整教学内容，培养大批合格的技术工人充实到建设领域。智能建筑工程的特点是工程安装量不算大，但技术要求高，需要有知识、有头脑的技术工人来施工，保证工程质量。另一种培养人才模式是拓宽办学渠道，与欧、美、日等国家和地区的大学联合培养专门人才，以便把国际上先进技术、管理经验尽快引入到国内。

5. 带动产业发展的问题

智能建筑几乎涉及到国家的各主要行业。建筑结构的智能化设计标准，要求钢铁、冶金、建材不能继续生产传统产品，它已无法满足大跨度、高标准智能建筑要求，高强、特种钢及特殊有色金属等新材料及产品需求迫切。秦砖汉瓦黯然失色，超薄、超轻、超强、超灵活性建筑保温、装修隔断的产品市场广大。上述产品与技术可以在一日之内变大厅堂为标准写字间或变多个小房间为大厅堂，充分体现智能建筑的极强灵活性、机动性。另外，从施工、运行到维修等各个过程，均需要多种机械设备，而智能建筑造价高、节约面积就是最大的节约，所以性能高、体积小、价格合理的智能化机械产品将更受欢迎。同时，智能化建筑的发展可以有效地带动电子工业的发展，以计算机为核心的各种智能检测与控制产品在智能化建筑中大有用武之地，从卫星到信息高速公路，都是智能化建筑的基础设施。事实上，智能建筑带动的产业远不止这些，还涉及到交通、运输、教育、商业等。

参 考 文 献

1 中国建筑标准设计研究所. 全国民用建筑工程设计技术措施（给水排水）. 北京：中国计划出版社，2003

2 中国建筑标准设计研究所. 全国民用建筑工程设计技术措施（电气）. 北京：中国计划出版社，2003

3 中国建筑标准设计研究所. 全国民用建筑工程设计技术措施（暖通空调动力）. 北京：中国计划出版社，2003

4 西安建筑科技大学绿色建筑研究中心. 绿色建筑. 北京：中国计划出版社，1999

5 刘庆山. 建筑安装工程预算. 北京：机械工业出版社，1999

6 王东萍. 安装工程识图与制图. 北京：中国建筑工业出版社，2003

7 龚延风. 建筑设备. 天津：天津科学技术出版社，1997

8 王建玉. 智能化建筑系统. 北京：电子工业出版社，2002

9 蔡秀丽. 建筑设备工程. 北京：科学出版社，2003

10 孙重. 建筑企业经营管理. 北京：中国环境科学出版社，1994

11 中国建筑业协会建筑节能专业委员会. 建筑节能技术. 北京：中国计划出版社，1996